心理学与拖延症

孙强◎编著

 中国纺织出版社有限公司

内 容 提 要

拖延，对于每个人来说，都是一种不良的习惯。我们只有先从本质上认识自己的拖延症，才能"对症下药"，找到适合自己的方法，从而克服拖延行为，提升行动力。

本书从心理学的角度，挖掘拖延行为产生的深层次心理原因，并指导人们如何克服拖延症，努力摆脱它的干扰。现在，假如你也是一名拖延者，那么赶快行动起来吧，还等什么呢！

图书在版编目（CIP）数据

心理学与拖延症 / 孙强编著. --北京：中国纺织出版社有限公司，2019.11 （2021.5重印）
ISBN 978-7-5180-6224-9

Ⅰ.①心… Ⅱ.①孙… Ⅲ.①成功心理—通俗读物 Ⅳ.①B848.4-49

中国版本图书馆CIP数据核字（2019）第098616号

责任编辑：李 杨　　特约编辑：王佳新
责任校对：江思飞　　责任印制：储志伟

中国纺织出版社有限公司出版发行
地址：北京市朝阳区百子湾东里A407号楼　邮政编码：100124
销售电话：010-67004422　传真：010-87155801
http://www.c-textilep.com
中国纺织出版社天猫旗舰店
官方微博http://weibo.com/2119887771
三河市延风印装有限公司印刷　各地新华书店经销
2019年11月第1版　2021年5月第3次印刷
开本：880×1230　1/32　印张：6.5
字数：126千字　定价：39.80元

前言

生活中的你，是否会有这样的情况发生：

清晨醒来，闹钟已经响了N遍，你还是不想动弹，最终导致上班迟到、被上司批评；

跟恋爱对象定好约会时间，你总是迟到，他（她）一忍再忍，终于有一天爆发了；

去年就决定开始执行你的减肥计划，但一直未曾实施；

答应孩子到了暑假陪他去旅游，但好几个暑假过去了，你也没履行自己的承诺；

你准备学习一项新课程，但是始终没有报名；

上司交代的任务今天是最后一天了，但是你总是在干这干那始终没有开始；

你准备做一个改革方案，但是总觉得方案哪里还存在问题、不够完美，索性就迟迟不开始……

我们发现，这些零碎的生活状况，有一个共同点：因为你的拖延，导致行动迟缓，错过事件处理和解决的最佳时机，最终造成了很糟糕的结果，而此时，你的情绪状况也会很糟糕。事实上，我们每个人都有某种程度的拖延心理，如果这些状况只是偶尔在你身上发生，倒是无关紧要；而如果你已经有了拖延习惯，你就要反省一下它对你的生活和工作造成怎样的负面影响了。

对于现代人来说，拖延行为似乎已经成为一种"群体性"行为，据不完全统计，有70%的大学生有不同程度的拖延习惯；25%的成年人有慢性拖延问题。与此同时，有95%的拖延者希望改掉他们的拖延恶习。因为拖延问题，让他们对自己的生活状态不够满意，为此备感苦恼。

当然，要检测自己是否有拖延症，可以从很多表现形式上判断。例如，手头需要处理的事情太多，但总是无法集中精神工作，直到上司来催才懒洋洋地去做，不愿意主动争取和努力；虽然已经下定决心执行，但却苦苦找不到方法，于是只好拖延；状态差、提不起精神、情绪糟糕，对工作乃至整个人生都感到没希望；你是典型的完美主义者，在做事之前总是不断求证，希望找到最完美的方案，大把大把的时间就这样被浪费掉……

不得不说，对于任何人来说，拖延都是一种不良的行为习惯，有拖延症的人意志薄弱、自我约束力差，习惯逃避困难或不敢面对现实。相反，那些事业成功、做事效率高的人，都有个共同的特征：绝不拖延，立即行动。拖延这一恶习会影响到一个人一生的命运轨迹，我们只有认识到拖延症的危害，并改掉拖延的毛病才能使自己重新进入正常的生活轨道。

为了帮助拖延者认识到拖延的危害，并摆脱拖延症的困扰，我们编写了这本《心理学与拖延症》。本书从心理分析的角度，对生活中形态各异的拖延行为进行了解释，挖掘了拖延行为产生的深层次原因，并给出了具体的、具有针对性的克服拖延症的方法，旨在告诉拖延者，只有从本质上认知和理解自己的拖延行为，才能找到最适合自己的方法。

编著者

2018年12月1日

目录

第 1 章
深知拖延的危害却摆脱不了：症结在哪里

　　现代社会，相信不少人已经认识到拖延行为给自己的工作、生活和学习带来的负面影响，也知道拖延是一种惰性行为，但即便如此，我们依然摆脱不了拖延，内心似乎总有一个声音告诉自己"晚一点也没关系"，但事后又陷入自我懊悔中。事实上，我们都希望找到克服拖延的对策，其实，只要我们了解拖延的症结，就能从根源上进行预防，进而克服拖延心理。

你可以这样检测自己是否有拖延症

我们都知道，那些有所成就的人的优秀品质有很多，而做事绝不拖延肯定是其最重要的品质之一。生活中的每个人，要想在日后有所作为，都必须从现在开始就养成立即执行的习惯，而如果你有拖延症，要做的第一步就是调节自己的拖延心理。

我们不得不承认的是，在我们的生活中，从员工到总裁，从学生到社会青年，从家庭主妇到职场人士，拖延的问题几乎影响到每一个人。了解我们的，始终是我们自身，你是否有拖延的习惯，也许你的上司、你的家人、你的老师并不知晓，但是你自己清楚，或许现在的你已经陷入拖延的泥潭中了，如果真是这样，那么是时候解决这个问题了。

享受现在的欢乐，延迟不可避免的痛苦。但我们同样知道，即使在当下我们可以将这些痛苦抛出脑海，最终它仍然会到来，狠狠地击中我们并扰乱我们外在的平静。那么，拖延的症状有哪些呢？

1. 缺乏明确的愿景

人们拖延的最重要的原因之一就是找不到努力的方向、太过迷茫。如果我们看不到未来清晰的愿景，又怎么会有动力呢？

我们必须对将要达到的目标和为何这样做的原因有个清晰的构想，那样你才会有足够的动力去努力并完成任务。

2. 计划不足

要想把事情做到最好，你心中必须有一个很高的标准，不能是一般的标准。在决定事情之前，要进行周密的调查论证，广泛征求意见，尽量把可能发生的情况考虑进去，以尽可能避免出现任何漏洞，直至达到预期效果。

3. 缺乏时间

忙于做事并不意味着高效率，要善于利用每天的不同时间段。一般来说，上午头脑清醒，特别是工作的第一个小时是效率最高的时候，可以将一些难度大而重要的工作放在此时进行。下午大脑一般比较迟钝，可以做一些活动量大又不需太动脑筋的工作。这将有助于你提高工作效率，使得工作早日完成。

4. 疲劳感

很多时候，人们拖延多半都会以疲劳为借口，但实际上，真正令人们疲劳的还是无休止地拖延一件事。一定程度上来说，疲劳是可以控制的，如果我们早点休息，按部就班地完成任务，坚持做一件事，我们就能减少疲劳、增强自信心，并逐渐克服拖延心理。

5. 对结果的恐惧

对结果感到害怕是拖延的另一个原因。一些人害怕失败，他们没有良好的完成任务的能力，因此他们推迟行动。不管你信不信，还有另一些人是害怕成功。他们可能知道完成特定的任务会给他们带来一些他们并不想要的结果。对此，我们要对完成或不完成一项任务的结局有明确的认识。

6. 自知力不足

在现代我们更容易受技术和额外的刺激影响，从而更难保持注意力集中。在做事之前，我们最好先排除那些可能出现干扰的因素，如关掉手机、网络等。

7. 惰性

惰性总是与拖延相伴相生的。你会发现，那些你不愿意做的工作，往往是你不喜欢做的事或者难做的事。要克服拖延心理，你首先要克服惰性，万事开头难，要把不愿做但又必须做的事情放在首位，而对于难做的事可以试着把困难分解开，各个击破；对于那些难做决定的事，则要当机立断，因为最坏的决定是没有决定。

总之，你需要明白，拖延并不能帮助我们解决问题，也不会让问题凭空消失，拖延只是一种逃避，甚至会让问题变得更严重。那么，你为什么还要拖延呢？那些成功者从不拖延。

拖延的习惯性怪圈是怎么形成的

在我们每天的生活中，很多人总是在上演拖延的戏码，那么拖延为什么会发生？又会在什么情况下发生？对这些情况了解得越多，越有助于我们克服拖延症。我们也知道，多数拖延症的产生，是因为拖延心理在作怪，拖延者总是会给自己找各种各样的理由，如我不知道为什么要去做这件事；太难了；万一失败了怎么办；我肯定不行；我想做得更好点；我为什么要听他的；我不知道该怎样处理和她的感情……这些只是拖延者的最终心理，在事情开始的阶段，他们也有着美好的愿望，但随着时间的推移，他们的心态也发生了变化，最终，他们还是没将事情完成或者高效地完成。影响他们未完成的因素有很多，这是一个恶性循环的过程，我们称之为"拖延的习惯性怪圈"。

当然，每个人拖延的过程周期长短是不一的，但都是从一个美好的愿望开始然后到一个失望的结局。也许在过去的几年、一年或者几个月内，你都陷入这个怪圈内，找不到跳出来的出口，那么你有必要对这个怪圈再进行一个更深层次的了解。

1. "这次我想早点开始。"

刚开始的阶段，我们往往充满自信，认为自己这一次一定能做到，于是，在着手做这件事之前，我们用这句话给自己打气。我们认为自己一定会按部就班地将这一任务完成。尽管你也明白，你不可能马上就做好这件事，这需要时间，但你还是相信：无论如何，我会努力。也许只有在经过一段时间后，你才会认识到自己正在逐步远离这一愿望。

2. "赶紧开始吧。"

事情开始的最好机已经过去了，实际上，你没有认识到自己原来的美好愿望已经不复存在了，但是你还是会安慰自己：如果开始还是来得及的，所以，你对自己说："赶紧开始吧。"

3. "我不开始又怎么样呢？"

又过了一段时间，你还是没有做手上的事。现在，盘旋在你脑海中的已经不是那个最初的美好愿望了，也不是那个会让你焦虑的压力了，而是到底能不能完成呢？一想到自己可能完成不了，你开始害怕起来，然后还有以下一连串的想法。

①"我该早点开始的。"你明白自己已经浪费太多时间，你不断地责备自己，你在想，如果早点开始就好了，但后悔也没什么用了。

②"做点其他事吧，除了这件……"在这个阶段，你确切地知道自己该做什么事，但是你却在逃避这件事，反而去寻找其他一些可以替代的事，如整理房间、按照新食谱去饮食，这些事情在从前并没有那么吸引你，但现在，你却狂热地喜欢上了它们，因为这样，你能获得一些心理安慰，"瞧，至少我做成了一些事情！"你甚至会产生一种错觉，你原本并没有做到的事也会因为这些事的完美完成而增色不少，然而实际情况当然不是如此。

③"我无法享受任何事情。"已经被你拖延的事始终萦绕在你的心头，你也希望通过其他一些事来转移自己的注意力，如看

电影、做运动、与朋友待在一起，或者在周末去徒步旅行，但实际上，你根本无法享受这些活动带来的快乐。

4."我希望没人发现。"

时间已经过去很久了，但事情却一点眉目也没有。你不想让他人知道你现在糟糕的状况，所以你会寻求其他种种方式来掩护。你让自己看起来很忙，即使你并未在工作，你也会努力营造一种假象，或许你会避开同事、离开办公室等，表面看起来，你在为原本的工作忙碌，但只有你的内心知道，事情已经被延误了。

5."还有时间。"

此时，虽然你觉得内心愧疚，但你还是抱着还有时间完成任务的希望，期待出现能完成任务的奇迹。

6."是我的问题。"

此刻你已经绝望了。因为你深知，不但原本的美好愿望没有实现，就连最后希望出现的的奇迹也未出现。你的愧疚和后悔都无济于事，你开始怀疑自己："是我……我这个人有毛病？"你可能会感觉到，是不是在某些方面做得不到位，或者缺了什么？例如，自制力、勇气或运气等。为什么别人能做到呢？

7.最后的抉择

到了这个时候，你只有两个选择：背水一战或干脆不做。

（1）选择之一：不做

"我无法忍受了！"内心巨大的压力让你实在难以忍受了，

另外，剩下极少的时间也表明，再去开始做，希望也渺茫。于是，你干脆告诉自己："算了，放弃吧。"并且，你还会自我安慰："反正都没用了，何必庸人自扰呢？"最后，你逃跑了。

（2）选择之二：做——背水一战

① "我不能再坐等了。"此刻，压力已经变得如此巨大，你已经认识到时间的重要性，你这样告诉自己，"哪怕一秒钟也不能浪费了"，你后悔自己浪费了时间，你感到哪怕最后搏一把也比什么都不做强得多，于是，你决定再努力一把。

② "事情还没有这么糟，为什么当初我不早一点开始做呢？"你对事情的难易程度再做了一次评估，你惊讶地发现，虽然它很困难，但却也没想象中的那样痛苦，而且最重要的是，现在的你已经着手在做了，这让你觉得充实很多，你也为此松了一口气。你甚至还找到了其中的乐趣，所有你所受的折磨看来根本是不必要的，"为什么当初我没有上手做呢？"

③ "把它做完就行了！"离原本胜利的目标不远了，事情马上要做完了。你从未觉得时间如此重要，你不容许自己浪费一分一秒。这就好比一场冒险游戏，当你沉浸其中，发觉时间不足时，已经没有任何多余的时间去进行计划、思索了，你把所有精力都放到了如何将这件事完成上，而不是将事情做到最好。

成年后的拖延行为源于幼时的拖拉习惯

在信息时代，拖延症容易导致人们的注意力缺失和不集中，表现为容易走神，兴趣过于分散，不管做什么都没办法持续太长时间等。例如当你打开电脑准备工作的时候，会忍不住打开手机看有没有新的短信和微信，忍不住打开朋友圈看有没有人对自己刚发的照片进行评论和点赞，或者干脆刷10分钟的朋友圈，会忍不住在QQ上跟朋友聊一会，或者打开淘宝的界面看看有没有合适的东西，哪怕自己并不需要购买什么。

拖延的习惯并非一朝一夕形成的，而是在漫长的成长岁月中一点点养成的。幼时的一些拖沓习惯也会造成成年之后的拖延症。幼时做事拖拖拉拉，父母一件事说很多遍，自己才会去做，或者说好几遍都无动于衷，这必然会强化成年之后的拖延行为。

林妈妈很是苦恼："我简直受不了我的女儿了！她是不是有什么毛病啊？干什么事情都是磨磨蹭蹭的，原本半小时就能写完的作业，她磨蹭两个小时都写不完，我在旁边看着，真是要抓狂了！"

林妈妈9岁的女儿每天放学回家后，并没有疯跑出去玩，而是乖乖坐在学习桌前，掏出作业本，摆出一副学习的架势。不过没写几个字，她就跑去喝水，刚坐下，又叫着要吃东西，一会儿又摆弄橡皮，忙活了半天，作业却没写完。

刚开始林妈妈还会耐心纠正，后来一着急，就开始打骂了。

可女儿依旧写作业拖拉，林妈妈无奈，带着孩子找心理医生咨询。

心理学家认为，人们在幼时所受到的溺爱，会导致拖延症。从小不管自己做什么事情，都有父母帮忙。在幼年时期，父母会带着一种爱孩子的情绪，总是希望能够给孩子最宽松的环境。在这样的情况下，人们幼时通常没有压力。大部分事情由父母全权操办，也越来越依赖父母，在遇到任何事情的时候，第一时间想到的也是父母去做，假如非要自己解决，他们就会采用拖拉的方式。

当然，人们在童年时期拖拉并不是故意的，而是对所要做的事情不熟悉，他们害怕，试图通过拖拉的方式来逃避，类似于写作业、穿衣服、使用筷子等，都容易让他们产生抗拒。而且，儿童不像成年人一样有很强的时间观念。那时候他们在乎的是可以多玩耍一天，由于模糊的时间观念，他们是不会明白"今天的事情必须完成，明天还有明天的事情"的道理的。

再者，心理学家也指出，幼年时期不容易控制自己的注意力，吃饭时想看电视，就边吃饭边看电视；做作业时听到外面有动静，就会跑出去看看；本来想去刷牙，结果看见小猫过来了，就会逗逗小猫。这些问题很容易造成孩子做事拖拉。

不过，也有的人天生性格安静、做事缓慢，不管遇到什么事情，就是紧张不起来，做事情慢条斯理。眼看时间都快结束了，还是慢吞吞的，身边人都替他着急，自己却一点也不着急。

尽管是童年时期养成的拖延习惯，但成年之后的我们却要付出更多努力，才能改正这个坏习惯。

1. 规定任务，规定时间

如果对一些比较困难的事情难以着手，可以准备一些简单的问题，规定时间，看在规定的时间内自己可以解决多少问题，敦促自己提高效率。在进行此项训练时要下意识地记在心里，然后在自己做事时争取尽快完成，如可以先规定一个小时写一篇稿子和两个小时做PPT，看自己在规定的时间内到底能完成多少，记下来，进行对比，让自己体会到时间的宝贵。

2. 给予自由支配的时间

有的人每天工作比较多，因为上司总是会布置一些新的任务，把时间安排得非常充分。这时候人们就会看出端倪，认为只要自己有空，上司就会布置新的任务。所以拖延者的对策就是拖拉完成任务的时间，在做事时边做边玩，既放松了自己，又拖延了时间。这时要适时给自己自由支配的时间，事先估计一下完成任务需要多久，其余的时间可以适时休息。

3. 设定奖赏

我们可以为自己设定奖赏，如给自己安排一个任务，规定在什么时间一定要完成，假如完成了给予什么奖励，相反就给予惩罚。给自己安排任务的时候，记录一下任务的时间是几点到几点，假如任务完成了就要兑现奖励，如看一部电影，反之也要兑现惩罚，如继续做，直到把事情完成。

4. 一个好的形象

改掉拖延症，需要随时保持一个不拖沓的形象，需要在平时生活中做事有计划、有效率，否则你留给别人的印象就是一个拖拉的人。

5. 给自己制订规划表

我们可以给自己制订规划表，如早上7点至7点10分起床，穿好衣服，刷牙。7点15分至7点30分吃早餐。将自己一天应该做的事情都规定好，然后努力去完成，不完成给予处罚，这样就会自动自发地去做了。

尽管拖延症可以追溯到童年时期，但幼年时期接触什么样的认知并非自己能够选择的，所以也别把拖延症看成是自己的错。找到拖延症根源不是为了推卸责任，而是为了马上行动，改掉拖延的坏习惯。

畏惧困难，延缓行动

拖延者在做一件事情的时候，常常会因为某些外界刺激因素推迟开始的时间。他们自我设阻，害怕会遭遇失败，在做事情的过程中，也容易因为困难而中断，转而去做其他事情，并且不断地推迟继续做事的时间。

如果我们总是眼高手低，最后的结果将是一无所获。蘑菇生长在阴暗角落，由于得不到阳光又没有肥料，常常面临自生自灭的状况，只有当它们长到足够高、足够壮的时候，才被人们所关注，事实上，这时它们已经能够独自承受阳光雨露了。这就是心理学上著名的蘑菇定律，最初蘑菇定律是由一批年轻的电脑程序员总结出来的，通过蘑菇的生长历程，他们联想到了人所必须经历过过程。

我们刚开始进入社会的时候，像蘑菇一样不受重视，只能替人打杂跑腿，接受无端的批评、指责，得不到提携，处于自生自灭的过程。蘑菇生长必须经历这样的一个过程，同样的道理，我们每一个人的成长也需要经历这样一个过程。

亚伯拉罕·林肯在一次竞选参议员失败后这样说道："此路艰辛而泥泞，我一只脚滑了一下，另一只脚也因而站不稳；但我缓口气，告诉自己'这不过是滑一跤，并不是死去而爬不起来'。"哈佛告诉我们："一个人克服一点儿困难也许并不难，难的是能够持之以恒地做下去，直到最后成功，在人生的逆境中坚定地走下去。"

没有人能够预知事情的结果，但是每个人都能够通过自己的决心来改变事情的结果，你可以摘得胜利的果实。聪明的人总是对自己所接手的工作信心满满，并且有把它做成功的决心，这样他们在做事情的过程中，就在幻想着自己成功的喜悦，所以他们往往能够凭借自己的决心做好一切事情。

1. 利用环境成长

当我们不幸被看成"蘑菇"的时候，如果只是一味地强调自己是"灵芝"并没有任何作用，对于我们而言，利用环境尽快成长才是最重要的。当自己真的从"蘑菇堆"里脱颖而出的时候，我们的价值就会被人们所认可。

2. 难忘的经历促使你成功

虽然蘑菇一样的成长经历给我们带来了压力和痛苦，但是，这些难忘的经历却有可能让我们赢得成功。哈佛大学的荣誉博士J·K.罗琳就是典型的例子，她是一位中年女性，在事业最黯淡的时候，她开始拿笔写作，结果她写出了享誉世界的《哈利·波特》。

3. 意志胜利法

人生中总是有着种种的不如意，但是，一个意志坚强的人能够将逆境变为顺境，在挫折中寻找转机，他们能在逆境中坚定地走下去，最后获得成功。相反，有的人缺少生活的历练，一旦遭遇挫折或身陷逆境，便输给了自己，也意味着永远输给了自己。

每个人都渴望生活如鱼得水，都希望事业获得成功，但是，上帝不会把这些白白赠予你，只有不畏惧蘑菇的经历，成功才会属于你。蘑菇的经历是成功必须经历的一步，只有那些能够忍受一切的人才能得到阳光普照的机会。

心理拖延，始终无法积极行动

不管是生活还是事业，如果我们想要赢得成功，拥有决断力并将之付诸实际行动是很重要的。事实上，一个人能否成功，很大程度上取决于他的决心和行动。而有的人只是嘴上说说，实际上却没有积极地行动起来。

王太太这半个月来，一直在考虑是否要买一件新的衣服，她不断地给老公、闺密打电话寻求他们的建议，结果就这样优柔寡断、犹犹豫豫地变换了好几十次主意，最后她到了新世纪购物广场，试穿了十多件新裙子，穿上不是显得滑稽，就是尺码非常小。王太太非常焦虑，她继续在商场里闲逛。没过多久，她又试穿了一件比较淑女的裙子，还有一件看上去比较活泼的裙子，但是最后她也没能决定买哪一件。

就这样，王太太筋疲力尽地回了家，打电话问闺密的意见。闺密说淑女款式的裙子更漂亮，接着她又和老公商量，老公认为一件漂亮的裙子，最好搭配一套精美的首饰。王太太听从了闺密的建议，买下了那件淑女款式的裙子，不过这一切都是她自己所喜欢的吗？淑女款式的裙子确实很好看，不过好像只符合闺密的品位。

过了一段时间，王太太把裙子退了回去，她又穿上了去年的那件裙子。王太太不但购物如此，就连平时生活中的其他小事，她也一样犹豫不决。准备稍微丰富的晚餐，她就会在牛肉与羊肉之间拿不准主意。每次出门，都有一种强迫症，会回来好几次看门锁好没有。

很多人与王太太有差不多的性格，如每天早上坐在办公室的时候，有时会为先做哪一件事而犹豫不决，如今天是先见客户呢，还是先把会议需要的方案做好呢？当你觉得今天气温很高，不适合外出拜访客户的时候，却又想到会议是下周一才开始，差不多还有好几天的时间，而客户那边已经打电话在催了，不如还是去拜访客户吧。不过，即便出了办公室，你也忍不住会有一丝犹豫，心想，明天再去也不迟呢？于是，又返回办公室去做方案，最后几经周折，一件事情都还没有做完，却已经到吃饭的时间了。

迪亚·吉普森博士是人寿保险公司的精神病学专家，她说："一般来说，人们犹豫的根源在于焦虑。在财富方面产生的忧虑，是因为我们还没有明确定位自己。在复杂的问题上产生的忧虑，是因为我们还不知道该如何入手解决。我们害怕自己患上什么病，却不去看医生。如果一个人一直这样反复无常、犹豫不决，挫败感就会积累到极限，最终精神崩溃。"优柔寡断、犹豫不决，会对人造成精神上的折磨，使人无法正常思考。

1.优先考虑重点问题

当然，犹豫并不绝对是智力上的问题，所以对于大多数尝试改变自己犹豫性格的人而言，可以不用担心。其实，犹豫不决的人的问题在于顾虑太多，习惯将微不足道的因素当成重要事情来考虑。面对这样的情形，应该优先考虑重点问题。

2. 抓住机会

当机会来临的时候，需要说"是"，而不是"不"。这样就可以把握潜在的机会，主动出击。在生活中，不要为了晚饭是吃羊肉还是牛肉而苦恼，为了这样的问题而犹豫不决，本来就是一种无聊的表现。吃完饭不要为是否运动而优柔寡断，马上决定下来，然后行动。

3. 没有"随便"

在饭店，当服务员问你吃清汤还是麻辣锅时，你不应该说"随便"这种很不负责任的话。这样的话会让服务员感到为难，你应该马上做出选择。看电影的时候，不要选来选去还是选不定看哪部，不要花了10分钟的时间还没有做出决定，闭上眼睛马上决定。即便看的电影比较差，也总比你浪费10多分钟犹豫不决要强。

4. 尽早做决定

当我们选择购买什么东西的时候，权衡一下，应该尽早做决定。小失误永远比拖泥带水好，在大多数情况下，犹豫不决没有任何好处，尽早做决定的人总比优柔寡断的人理解得更透彻。在公司里，那些很早且很快决定好自己休假的员工，都获得了最佳的休假时间，而那些犹豫不决的人永远只能排队等候。

5. 赶紧去做

在平时生活中，我们可以利用一些琐事培养自己快速做决定的习惯，做完决定，马上行动，不要像以前那样没完没了地思考。很想出去旅游吗？那就马上放下手中的其他事情，赶紧去。只要一件事情你积极面对了，那么当第二件事情出现时，你就会下意识选择积极的处理方法。

6.反复练习

把培养决断力当作一种游戏，反复练习，假如你一直坚持，就会发现收获颇多，然后继续自信满满地这样做下去。最后，你会克服性格上拖沓、犹豫不决的缺点，获得积极的生活态度。通常，生活中的美好事物只属于那些马上决定并积极行动的人，当然也包括那些尽全力争取机会的人。

在大多数时候，一个人的犹豫不决往往体现在简单的事情上，越是明智的人，做决定越可能有很多疑虑。而缺乏智慧的人，大多数不会想很多制约因素，也不会考虑有什么后果。

拖延症的四种精细划分方法

有人说，只有行动才能缩短自己与目标之间的距离，而拖延是行动的大敌，拖延将不断滋养恐惧，每个成功的人都把少说话、多做事奉为行动的准则，通过脚踏实地的行动，达成内心的愿望。那些有拖延症的人总是用种种说辞为自己开脱："对方不配合""不可能的任务""苛刻的老板""无聊的工作"……随之而来，我们会陷入"工作越来越无趣""人生越来越无聊"的泥潭中，愈加懒惰，愈加消极，愈加无望。我们把这些有拖延习惯的人称为拖延症患者。

如果你是一个有拖延症的人，也许你自己都不会承认，在你的内心，总是有一个声音："以后再说吧。"这就是一种情感阻力，如果没有这种阻力，那么你的执行力将提高很多。

在面对某些事时，我们会明显感到有难度，这会让我们产生不快的感觉，此时，拖延的人就会找"以后再说"这样的借口，他们会劝慰自己："等等看，也许事情会好转"，其实正如我们前面说的，这只是一种逃避和麻痹，你要告诫自己，即便事情拖到了最后也未必会改善，解除困境需要我们付诸行动。

拖延不仅不能省下时间和精力，反而使人心力交瘁、疲于奔命。如果这样还不够把你从拖延的梦魇里揪出来，那我只能劈下最后一棒："拖延消耗的不仅仅是精力，也是生命！"

将拖延症细细划分，我们可以将其分为以下四种。

1. 工作型拖延症

你是否经常在上级一催再催后，才将某个报告交上去？你是否每天早上在进入办公室后花半个小时的时间回味昨天晚上的电视剧情节？你是否习惯了在坐下之前跟同事说几句话……如果你有这些习惯，那这就是你总是不被上司赞赏的原因。

伍迪·艾伦说过："生活中90%的时间只是在混日子。大多数人的生活层次只停留在为吃饭而吃，为搭公车而搭，为工作而工作，为回家而回家。他们从一个地方逛到另一个地方，使本来应该尽快做的事情一拖再拖。"的确，在我们周围，有很多人也包括你自己，在工作的过程中，因各种事由造成拖延的消极心态，它就像瘟疫一样毒害着我们的灵魂，影响和消磨着我们的意志和进取心，阻碍了我们正常潜能的开掘，到头来使我们一事无成，终生后悔。

2. 学习型拖延症

顾名思义，就是对待学业上的事总是一拖再拖，面对众多需要学习的科目、需要参加的学习活动等，他们没有紧迫感，也不着手处理和学习。很明显，怠慢学习的人，是很难有好的学习成果的，知识的获得应当是与勤奋相关联的，鲁迅说过："伟大的事业同辛勤的劳动成正比，有一份劳动就有一份收获，日积月累，从少到多，奇迹就会出现。"勤奋可以使聪明之人更具实力，相反，懒惰则会使聪明之人最终江郎才尽，成为时代的弃儿。

也许有人会说，我还年轻，有大把的时间，但你可能没有意识到，现在的你还是聪明的，但如果你不继续学习，就无法使自己适应急剧变化的时代，就会有被淘汰的危险。只有善于学习、懂得学习的人，才能具备强能力，才能够赢得未来。

3. 婚恋型拖延症

可能你也发现，在你的身边，剩男剩女越来越多，你可能也是其中一员，为什么会剩下？其实也是"拖延"的结果，我们总希望能在工作生活如意的情况下再去谈爱情、婚姻，认为"不着急"，但如今，我们真的"着急了"。

4. 亲情型拖延症

"树欲静而风不止，子欲养而亲不待"，这是人生一大悲哀。很多时候，我们总在感叹，等我有钱了就陪父母去旅行，去和爱人还有孩子享受天伦之乐，但时间不等人，亲情也不能等，如果想表达你对亲人的爱，别再拖延了。

那么，你有拖延症吗？不妨来给自己做个测验吧！

（1）在你的工作清单里有很多事，你也清楚哪些事更重要、哪些事次要，但你却还是选择了将那些不重要、难度小的事先做了，而越是重要的，反而越拖延。

（2）每次在工作前都选择一个整点：一点半、两点……

（3）不喜欢别人占用自己的时间或者打扰自己工作，但其实最不珍惜时间的是你自己。

（4）原本你已经准备定下心来工作了，但还是在开工之前去冲了杯咖啡或者泡了杯茶，并给自己一个借口：这些饮品会让自己更易进入状态。

（5）在做某件事的过程中，一旦出现了什么突发事件或者想法有什么变化，就立即停下手头的工作。

以上5条若有3条以上符合，恭喜，你已成为拖延症患者。

　　总之，生活中的人们，无论是工作、生活还是学习，大事还是小事，凡是应该立即去做的事情，就应该立即行动，绝不能拖延，要尽全力日事日清。我们的一生中，的确有很多个明天，但如果把什么都放在明天做，那明天呢？明天的明天呢？有句话说得好，"我们要活在当下"，明天属于未来，我们只有把握好现在，才能决定明天的生活。

依赖与拖延是一对孪生兄弟

　　如果你是一名"资深"拖延者，你是否有这样的经历：学生时代，你习惯性地等待父母为你准备好一切再出门上学，晚上回家不敢一个人走夜路；择业时，你问过所有人的意见才决定从事什么职业；工作中，领导让你执行某个任务，你总是让某个前辈陪同……不少拖延者都有依赖他人的坏习惯，缺乏勇气、害怕独自执行，所以他们宁愿选择拖着。事实上，我们也知道，无论是谁，要想做出成绩，乃至获得某个领域的成功，就必须要独立思考、敢于走在人前，依赖者只会成为别人的附庸，并且，你是否考虑过，那个被你依赖的人是何感想。

　　静静是个时尚靓丽的女人，并且温文尔雅，但就是有一点不好，那就是她是个典型的小女人，一点主见也没有。对待丈夫言听计从倒也正常，但在和闺蜜倩倩的交往中，她也总是显得很被动，就连周末晚上看什么电影也要询问倩倩。

最近，静静遇到了一件很苦恼的事，她发现丈夫好像有点不对劲，直觉告诉她，丈夫可能有了外遇，她不知道怎么办，便把倩倩约出来。

"我该怎么办啊？"静静一见到倩倩就迫不及待地问。

"什么怎么办啊，找他摊牌啊，问清楚情况。"倩倩是个急性子。

"我哪儿敢啊，这么多年来，都是他在挣钱养家。"

"程静静，我真不知道说你什么好，你知道吗，你最大的问题就在这儿！"倩倩脱口而出，她也不知道这样说会不会伤害自己的好朋友。

"什么问题？"

"太过依赖别人了，得了，索性我今天把话说完吧，你知道这么多年来，你为什么都没什么朋友吗？因为他们觉得和你在一起挺累的，什么都要问他们，你的时间很充裕，一个人在家很无聊，但大家都有工作啊，都得养家糊口。可能你和你老公在相处的过程中也是这样，你们家什么都是他做主，以至于时间长了他觉得腻了。可能我说这些你会伤心，但作为你的好朋友，我觉得我有必要对你说。"

听完倩倩的一番话，静静好像被人当头一棒，但她很快反应过来："没事，我知道你是为了我好，也许我是该好好地想想，也需要改变一下了。"

从这个案例中，我们看到的是，依赖者缺乏主见，无论是做事还是做人，他们都习惯性听从别人的意见，他们只能被别人牵着鼻子走，并且，他们还让他人产生一种压抑的感觉，最终也会对人与人之间的情感关系产生威胁。

有人说，生活最大的危险不在于别人，而在于自身；不在于自己没有想法，而在于总是依赖别人。依赖所带来的拖延足以抹杀一个人意欲前进的雄心和勇气，阻止自己用自己的努力去换取成功的快乐。依赖会让自己日复一日地停滞不前，以致一生碌碌无为。过度依赖，会使自己丧失独立的能力，它是给自己未来挖下的失败陷阱。因此，你有必要把戒除依赖症放在戒除拖延症的第一步。

生活中的你，如果也有依赖心理，就必须从现在起，靠自己的努力克服。

香港巨富李嘉诚的名字早已家喻户晓，尽管他拥有亿万家财，但对于子女的教育问题，他一直比较重视，并且，他非常注重培养孩子独立生活的能力，他这样做，是为了让孩子练就靠自己生存的本事。

李嘉诚有两个儿子，就在他们还只有八九岁时，他们就遵循父亲的意思经常参加董事会，并且，他们不能只是旁听，还必须发表意见和见解。这样做的好处在于，他们能看到长辈们是如何处理公司的事务的，从而锻炼自己处理和分析问题的能力。

后来，他们都考上了美国斯坦福大学。毕业后，他们也曾向父亲表示想要在他的公司里任职，干一番事业。李嘉诚断然拒绝了他们的请求。

李嘉诚是这样对两个儿子说的："我的公司不需要你们，还是你们自己去打江山，让实践证明你们是否有资格到我公司来任职。"

于是，他们都去了加拿大，一个搞地产开发，另一个去了投资银行。他们凭着从小养成的坚韧不拔的毅力克服了难以想象的困难，把公司和银行办得有声有色，成了加拿大商界出类拔萃的人物。

李嘉诚教育孩子的方法无疑是正确的，父母作为孩子成长的坚实后盾，永远在孩子的身后给予他们最多的支持与信任，越早放手越是父母对他们最大的爱。而从李嘉诚的教育方式中，我们也应该获得启示，凡事靠自己，形成独立的性格，才能真正成长为你想成为的样子。

其实，人生成功的过程也就是个人克服自身性格缺陷的过程，如果你也有依赖心理，就必须从现在起，靠自己的努力克服。对于一些人来说，他们一旦失去了可以依赖的人，就会不知所措。如果你具有依赖心理而得不到及时纠正，发展下去有可能形成依赖型人格障碍。为此，你可以从以下几个方面纠正。

1. 要充分认识到依赖心理的危害

这就要求你纠正平时养成的习惯，提高自己的动手能力，不要什么事情都指望别人，遇到问题要做出属于自己的选择和判断，加强自主性和创造性。学会独立地思考问题，独立的人格要求独立的思维能力。

2. 要破除习惯性地依赖

对于依赖型人格而言，他们的依赖行为已成为一种习惯，你首先需要戒除这种不良习惯。你需要检查自己的日常行为中哪些是依赖别人去做的，哪些是自主决定的，你需要坚持一个星期，然后将这些事件分为自主意识强、中等、较差三个等级。

3. 要增强自控能力

对于自主意识较差的事件，你可以通过提高自控能力来改善；对于自主意识中等的事件，你应寻找改进方法，并在以后的行动中逐步实施；对于自主意识强的事件，你应该吸收经验，并在日后的生活中逐步应用。

4. 学会独立解决问题

依赖性是懒惰的附庸，而要克服依赖性，就得在多种场合践行自己的事情自己做。因此，生活中，别再让他人为你安排了；工作中的事，也学会独立解决吧，如独立准备一段演讲词；人际交往中，也别总是站在别人身后了，主动伸出你的双手吧。

第 2 章

认清拖延的危害：别让明天为你的拖延买单

我们都知道最应该珍惜的就是时间，时间就是金钱，所以大部分人都在争分夺秒地工作和学习，都在努力提升管理时间的能力。然而，却有一些拖延者总是在为自己找借口，他们的大致状态是：因为拖延，他们积压了太多的工作，他们总是疲于应付应接不暇的事件，他们总是精神状态不佳、情绪糟糕，反过来，因为糟糕的状态，导致他们更想拖延，就这样陷入拖延的怪圈中。生活中的你如果也是这样，那么，你必须要想方设法将其从你的个性中除掉。

信仰的实现靠的是行动，而不是没有价值的拖延

物竞天择，适者生存，当今社会更是一个处处充满竞争的社会，一个人要想从众多竞争者中脱颖而出，就必须做事有方向感。的确，现实的工作中，一些人总是感到左右迟疑、无处着手，总是站在原地拖延时间，就是因为他们没有方向感，一个人看不到前方的路，看不到希望，又怎么会有决断力呢？

那么，怎样才有方向感？这就需要信仰给予我们力量。然而，现代社会，随着物质文化水平的提高和文化的多元化，在一些人心中，对于崇高信仰的追求似乎正在慢慢淡化，而这也是很多人心灵没有归属感的原因。因为只有忠实于崇高的信仰，心才有归属的暖巢。因为只有积极向上的信仰，才会有良好的精神状态。一个人，如果他有了积极向上的精神状态，那么，他便能做事果断、把握住时间，并且，即使他正身处逆境，他也不会感到恐惧，也总是心存希望，不会放弃，能够坦然面对困难，并积极寻找解决问题的办法。

对于那些拖延者而言，信仰是十分模糊的概念，他们对于明天，对于接下来该做什么、该怎样做都没有明确的答案，他们没

有一个理性的目标来指导自己行动，在别人已经为信仰展开行动时，他们还在原地打转，浑浑噩噩地浪费着生命。

世界著名博士贝尔曾经说过这么一段至理名言："想着成功，看看成功，心中便有一股力量催促你迈向期望的目标，当水到渠成的时候，你就可以支配环境了。"也就是说，只要你有积极向上的信仰，你的心中也就有了一盏灯，我们跟随着灯前行，即便在黑暗的夜里，也能看到光明。

有信仰的人绝不会陷入迷茫中。你想成为什么样的人，那么首先，你就要敢于为自己编织梦想，只有树立明确的人生目标，你现下的工作和生活才更有动力。

我们需要记住，信仰具有无穷的力量。只要你追随自己的天赋和内心，你就会发现，你的生命被赋予了更高的意义，你也不再是消磨光阴，而是在让时间闪闪发光。

为此，我们要做到以下三点。

1. 为自己树立一个积极的、崇高的信仰

信仰的力量是伟大的，唯有怀抱信仰，才会拥有希望。《肖申克的救赎》里说："恐惧让你沦为囚犯，希望让你重获自由。"在心底坚守这希望、怀抱这信仰，你就拥有无穷的力量。

2. 立即行动，不要拖延

布莱德雷曾说："习惯性拖延的人常常也是制造诸多借口与托辞的专家。如果你存心拖延、逃避，你自己就会找出成千上万个理由来辩解为什么不能够把事情完成。"我们都知道勤奋和效率的关系。在相同条件下，当一个人勤奋努力工作时，他所产生的效率肯定会大于他懒散工作状态产生的效率。高效率的工作者都懂得这个道理，所以，他们能够实现别人几辈子才能够达到的目标。

3.做事要有条理、有秩序，不可急躁

急躁是很多人的通病，但任何一件事从计划到实现的阶段，总有一段所谓时机的存在，也就是需要一些时间让它自然成熟的意思。假如过于急躁而不甘等待，经常会遭到破坏性的阻碍。因此，无论如何，我们都要有耐心，压抑那股焦急不安的情绪，才是真正的智者。

总之，行动是治愈恐惧的良药，而一味地犹豫、拖延将不断滋养恐惧，丧失主动的进取心。信仰的实现靠的是行动，而不是没有价值的拖延。

拖延行为会影响你的精神状态

我们都知道，在任何一个城市，最忙碌的也许就是上班族，上班、下班、家庭、聚会，好像什么都必须参与，时间总是不够用，青春也在这样的忙碌中渐渐流逝，我们感到身心俱疲，每到周末的时候，我们甚至希望可以一睡不醒。周一早上，我们还是带着疲惫的身体来到办公室，硬着头皮做着我们不想做的工作，糟糕的状态下，我们只想拖延时间，然而，我们分内的工作，怎样也逃避不了，于是，我们更加郁闷了，带着这样的情绪工作，我们怎么可能会提高工作效率？

拖延就像一个毒瘤一样长在我们的心里，一旦行为拖延，我们也会跟着陷入糟糕的状态的旋涡中。不知你是否有这样的苦恼：你原本只是想发个邮件，但是当你一打开电脑，就发现浏览器上弹出来很多美女图片、八卦新闻、购物信息等，网页一个个地点开来看，不知不觉时间就这么过去了，半个小时，一个小时，甚至更久……虽然事后懊悔不已，但每次还是无法摆脱拖延的毛病。对此，该怎么办呢？

事实上，任何一个成功的职场管理者，都是善于管理自己的情绪和行为，并且拥有良好的精气神状态的，他们总是能做到自信满满、充满热忱地工作。的确，细心的你可能也发现，对于同一年参加工作的上班族而言，若干年后各自会有不同的境遇，有些人会飞黄腾达，有些人还是原地踏步甚至是平行职位跳槽。在世界范围，所有的上班族所遇到的问题都是一样的。然而，我们要想拥有好的工作状态，第一步还是要从克服拖延症开始，高效率工作的第一步就是我们要有紧急意识。

那么，我们该如何调节自己的工作状态，以防止拖延造成身心疲惫呢?

1. 制订计划，按计划做事

每日为自己制订一个工作计划，做一个工作列表，把每日需要做的具体工作按照轻重缓急排列，另外相似的工作最好排在一起，便于处理，先处理紧急的工作，再处理重要的工作，最后处理简单、缓慢的工作，这样制订好工作计划，每日的工作才有方向，才不走冤枉路。马装车好不如方向对，没有方向瞎忙活，再努力也是枉然。

2. 集中精力

工作时一定要集中精力，全身心地投入工作，避免分心，要学会善于集中精力做一件事，而且是做好这件事。工作切忌三心二意，那样只会捡了芝麻掉了西瓜，其至哪件事都做不好，让别人否定你的能力。

3. 简化工作

将简单的东西复杂化不是本事，将复杂的东西简单化才是能耐。当工作像山一样堆在面前，不要硬着头皮干，那样根本做不好。首要的任务就是将工作简化，当面前的大山被你简化成小山丘，就会豁然开朗，达到了事半功倍的效果。

4. 使用辅助工具

现代社会，办公室工作早已脱离了纸笔，会工作的人都擅长运用一些辅助工具，如电脑、手机等，简单的电脑办公软件有

Word、Excel、PPT等，帮助我们编辑文件、分析统计数据等。有的公司还会使用财务软件、库存软件等。我们还可以使用手机的记事本、闹钟、提醒、计算机等功能，帮助我们记录、提醒重要事件。

5. 经常充电

多学习知识，尤其是专业知识，只有不断更新知识、不断学习，才能更有效地应对日新月异的职场问题，处理高难度的工作难题，才能比别人更优秀，才能提高工作的应对能力，比别人更有效率。

6. 保证睡眠

保证充足的睡眠，不仅能恢复当天的体力，还能为第二天提供充沛的精力。睡眠在人的生活中占据着相当重要的地位，在一天的24小时中，睡眠占至少1/3的时间，可见睡眠是不能应付的。只有身体、大脑得到充分的休息，我们才能有旺盛的精力投入工作中，才能提高工作效率。

7. 劳逸结合，会休息才会工作

不能一味地埋头工作，就像老牛拉犁一样，人的体能是有限的，大脑也是需要休息的，超负荷的工作只会降低工作效率，产生事半功倍的结果。不会休息就不会工作，适当地放松下，工作间站起来活动15分钟，喝杯水、听听音乐都可以让身心放松下来。

8. 平衡工作和家庭

我们除了要工作外，还有家庭生活，对此，我们要做到平衡处理。

第一，工作和家庭生活要划清界限。对家人做出承诺后，一定要做到。制定较低的期望值以免让家人失望。

第二，学会忙中偷闲。不要一投入工作就忽视家人，有时10分钟的体贴比10小时的陪伴更受用。

第三，学会利用时间碎片。例如，家人没起床的时候，你就可以利用这段空闲时间去做你的工作。

注重有质量的时间——时间不是每一分钟都是一样的，有时需要全神贯注，有时坐在旁边上网就可以了。要记得家人平时为你牺牲很多，度假、周末是你补偿的机会。

总之，我们若想精力充沛地工作，就要改变现在的工作习惯，就要有时间意识，拖延、虚度光阴，连工作都做不好更谈不上效率，没有人会赏识这种人。当然，我们还要懂得劳逸结合、平衡好工作和生活，以防止过重的工作负担压垮我们。

一味地拖延，只会加剧压力

我们生活的周围总有人这样感叹："压力真是太大了，总有很多事做不完。"其实，你的压力从何而来呢？如果从不拖延时间，还会如此忙碌吗？你是否有过这样的经历：周一的早上，整装待发的你来到公司，上司交代给你一件事，并嘱托你这件事十分紧急，周一下班前必须交上去，你连连点头，你明白这是上司给你表现的机会。你暗暗下决心，一定好好工作，不过不急，还是先把办公室收拾一下吧，太乱了；还有，最好先冲杯咖啡，早上人的精神状况不是很好；再看下微博吧，看看周末好友们都去做什么了；新闻也该浏览浏览……就这样，一个小时过去了，两个小时过去了，你的工作还未开始。

相信这是不少职场白领工作的写照，你是不是经常陷入这种泥潭中不可自拔，你是不是觉得压力很大，甚至已经无法透气了。我们发现，在接受一项工作任务后，由于拖延，时间慢慢流逝，我们也逐渐变得焦躁和不安。在这样的情绪下，我们会选择更多其他的方法来逃避，到了工作的截止日期，我们开始坐立不安、充满焦虑感，压力直接扑向我们，让我们十分难受。

彤彤是一名撰稿人，她是个爱好自由的人，正因如此，她才没有和其他同学一样朝九晚五地上班，不过，现在的她似乎已经有点懒散了，她通常的工作方式是：当领导把任务交给她的时候，她每次都会从傍晚时间就开始酝酿感情，但是她会去超市买几包零食，如酸奶、咖啡、薯片等，然后回到家，打开电脑，吃完零食、和聊天工具上的朋友都聊完以后再玩几个小游戏。不知不觉时间过去了，当大家在网络上跟她说晚安的时候，她想睡觉，但是稿子还没赶出来，她感到很焦躁，只好打开文档，开始慢吞吞地敲着字，交稿件的时间总是比预定时间晚，也总被领导训斥。彤彤其实也不想这样，但每次她似乎都走不出这个怪圈。

撰稿人彤彤就是个习惯拖拉的人，假如她能改掉这一不良的工作习惯，也许工作效率会提高很多。

其实任何一名拖延者都清楚这是一个恶性循环，也知道拖延的负面效应，但他们似乎还是无法避免地进入这个泥潭中。那么，为什么会这样呢？我们大致分析一下，原因有以下几点。

1. 太过自信

一些人在接收任务时，会想："太小儿科了，根本不值得我花费精力和时间去处理，过两天再说吧，不着急。"然而，他们轻看了事情的难度，当时间接近尾声时，他们再着手开始处理的时候，发现时间已经不够了。

2. 自信心不足

与第一种情况完全相反，这些人对自身的能力进行评估时认为，认为自己能力不够，会影响其他同事的工作进度，尤其是被其他人催促后，他们的自卑心更严重了。于是，为了逃避这种心理，他们就选择了拖延。

3. 排斥工作

一些人面对难度大、费时多的工作，便产生了一种厌烦的情绪。于是，他们便能拖多久就拖多久，甚至到最后时间也不愿意开始执行。

其实，日常工作中，我们在执行某项任务时总会遇到一些问题。而对待问题有两种选择：一种是不怕问题，想方设法解决问题，千方百计消灭问题，结果是圆满完成任务；另一种是面对问题一筹莫展、不思进取，结果是问题依然存在，任务也不会完成。

可见，拖延势必会造成压力，而压力过大对于一个人的负面影响是毋庸置疑的。那么，我们如何才能走出这样的恶性循环呢？

1. 制订工作计划

在开展工作时，我们可以做出一个详细的关于每月或者每周的工作计划，并养成一种良好的工作习惯，避免工作时紧时松，使工作时间得到合理安排。

2. 克服畏难情绪，规定自己首先处理一些重要事务

我们每天都要处理很多事务，可很多人认为，先处理那些不紧要的事务，会起到激励自己的作用。实际上，这种想法是错误的，把最紧要的事拖到最后来干，你会发现，经过一天疲惫的工作后，你已经没有精力和时间来完成它了。

而我们之所以有这样的想法，实际上是因为有畏难情绪，是有意识地回避那些重要的、难度大的工作。因此，我们一定要克服这种心理倾向，首先着手最重要的工作，用足够的时间精力来处理它，并把它办好。

3. 为自己设置一个必须完成的期限

曾经有个实验，面对一个学习成绩平均很差的儿童，家长准备让他修学分最低的功课，但儿童心理学家却提出了完全相反的

意见——建议他多修一些课。结果出乎大家意料，这个儿童多修课后，所有功课成绩不降反升。事实上，这个学生要做的就是打起精神，提高学习效率。

很简单的道理，如果我们发现距离最后期限的时间还早，那么，我们也不会有紧张情绪，而随着时间的迫近，我们的紧张程度就会增加。到了最后期限，我们完成任务的积极性、关注度就会完全被激发出来。

为克服惰性、避免拖拉的现象，我们应该为工作设置一个尽可能短的完成时限，通过给自己压力而产生动力，这样，所有的工作便能尽快地完成。而对于那些对未来起重要作用的长远目标和长远规划，则应进行合理分解，并为这些分解后的目标细化到也设置一个严格的时限，这样做的好处是防止我们在日常工作中将这些小目标忽视和遗忘。

总之，时间在现代社会已成为一种有限的资源，为此，我们必须戒除拖延的坏习惯，这样，我们就能提高工作效率、减少工作压力，从而更轻松地工作，享受工作带来的乐趣。

遇到压力你是妥协、逃避还是迎着压力前进

现代社会，无论我们是身处职场还是身处商场，谁都无法避

开越来越大的压力，面对压力，一些人产生了更强大的动力，迎着压力前进，也有一些人向压力妥协了。

心理学家称，高目标才能调动更高的积极性，使人们朝着目标全力以赴，而低目标则因为其低要求，使人们不愿付出高于工作的努力。后者通常会有这样的表现：面临上级交代的任务，他们只会敷衍了事、拖拖拉拉，这样又怎么能与那些做事果敢、效率高的人竞争呢？可见，压力大很多时候只不过是拖延者的借口而已，他们只是在高压下妥协了。

那么，面对妥协，我们该怎样去做呢？有以下两点建议。

1. 积极主动，冲破压力

一个人之所以妥协，并不是能力的不足和信心的缺失，而是在于平时养成了轻视工作、马虎拖延的习惯，以及对工作敷衍塞责的态度。要想克服这一点，必须改变态度，以诚实的态度，负责、敬业的精神，积极、扎实的努力，才能做好工作。

2. 积极寻找解决方法，立即行动

任何人都不是完美的，都不可能将所有事都做到天衣无缝，即便在规划完善的前提下，依然可能会出现一些问题。这时，如何看待问题、如何处理问题，直接考验我们的应变能力，如果能立即采取补救措施，能帮我们转危为安。

事实上，大多数时候，我们遇到的只是一些小问题，但却没处理好，之所以如此，有时候，是因为我们自乱阵脚。不难发现，任何一个做事高效、有时间意识的人，都有很强的处理问题的能力。事实上，工作中偶尔出现一些问题在所难免，焦躁、着急、焦虑都无济于事，任何难题，只要从容应付、找到问题关键，都能迎刃而解。

也就是说，遇到问题时，我们应表现出积极的态度，不要发牢骚、不要辩解、不找借口等，如果此时无法调整心态，那么影响会非常大。我们常常看到，一些人在工作出了问题之后，就把责任推卸给自己的同事、合作伙伴或者下属，这样对问题的解决毫无益处，甚至还会延误处理时机。

我们需要认识到的是，是否能处理问题以及将问题的负面影响降到最小，最重要的还是看速度，速度就是效益，一旦问题产生，我们就要明白速度等于一切，一定不能拖延，而应该积极寻找问题出现的根源，还应寻求周围人的帮助，集中一切资源着手解决问题。

不得不说，在我们的现实工作中，一些人在遇到压力时，总是采取逃离、躲避、拖延的态度，他们认为，一切问题都会随着时间的流逝而解决。因为他们面对危机通常是侥幸心理、鸵鸟政策、推卸责任、隐瞒事实，然而，这一妥协的态度不仅无助于问题的解决，还会导致更严重的问题。

拖延行为容易导致不思进取

我们都知道，很多机器的运行都需要动力的推动作用，如火箭升天、汽车的行驶等，我们日常的工作和生活也是如此。不知你是否曾思考过这样的问题：我为什么要工作？为什么要干事业？大部分的回答是养家糊口、供养家庭，也有一些人提出了更高层面的意义：实现自身价值。很明显，这都是我们工作的动力。

那么，一个人如果缺乏动力呢？不难想象，一个不思进取的人的状态会是这样：他来到企业就是为了坐等下班，就是为了每月的薪水，工作中上级交代的任务，他一再拖延，因为在他看来，今天完成和明天完成没有分别。当你问他有什么梦想和目标时，他的回答是："目标和理想能当饭吃吗？"这是一种很糟糕的人生态度和工作态度。我们也不难想象，缺乏工作动力的人不会有什么大的成就。

那些拖延者之所以没有大的成就，就是因为他太容易满足而不求进取，他一生都在拖延，他们参与工作只是赚取足够温饱的薪金。要知道，不甘于优秀，超越优秀，成为卓越者，我们可以把事情做到最好。

据社会学专家预测，未来的社会将变成一个复杂的、充满不确定性的高风险社会，如果人类自由行动的能力总在不断增强的话，那么不确定性也会不断增大。生活中的人们应该意识到，各种变化已经在身边悄然出现，勇敢地投身于其中的人也越来越多了，而如果你不积极行动起来，缺乏竞争意识、忧患意识，安于现状、不思进取，如果你还没被惊醒的话，就会被时代所抛弃，被那些敢于冒险的人远远甩在后面。

你了解拖延症会带来哪些后果吗

英国亨利八世统治时期的公告牌有一句警示世人的话："快！快！快！为了你的生命快速前进！"旁边还有一张图，上面画着一个送信的人被吊死在绞刑架上。在那个古老的年代，根本没有快递、邮政业务，信件通常由政府派信差送往，如果信件没有及时送达，那信差便会受到绞刑的处罚。

或许在现在看来，即便路途遥远，也只需要几个小时就能把信送到。不过，那时没有汽车，只有马车，现在几个小时的路程得一个月才能走完。但即便在这样艰苦的条件下，稍有延误都是犯罪，将受到失去性命的惩罚。所以，拖延带来的后果，从古至今都是非常严重的。

人有各种各样的优缺点，也有一种惰性，这种惰性经常导致计划落空。人在计划落空时又很容易形成新的计划，新计划其实是旧计划的翻版。结果就是，一项计划翻来覆去总没有结果。

这是十分悲哀的事情。成就一番事业必须雷厉风行，要有一种魄力，说干就干，一点也不拖延，这是成就事业的一种品格。

拖延是一种坏习惯，它会让人在不知不觉中丧失进取心，阻碍计划的实施。一个人如果进入拖延状态就会像一台受到病毒攻击的电脑，效率极低。拖延最常见的表现就是寻找借口。虽然目标已经确立了，却磨磨蹭蹭，像个生病的羔羊，没有一点精神。不论什么时候，他总能找到拖延的理由，计划当然就会一拖再拖，成功也遥遥无期。

对于一个人来说，拖延又会带来什么灾难性的后果呢？对一个渴望成功的人来说，拖延将成为制约他取得成功的桎梏。在公司，没有老板喜欢有拖延习惯的员工；在家里，没有妻子喜欢有拖延习惯的丈夫。

事实上，拖延症带来的危害是非常严重的。

1. 不相信自己

当自己不能按时完成某项工作的时候，你会觉得自己有身体方面的疾病，长期这样也会给内心造成影响，变得不自信，甚至怀疑自己的人生。

2. 精神状态不好

经常精神状态比较差，干不动活，其实很多时候是因为你不去做，你的身体95%的可能是健康的，一点病都没有，除了做事拖延外。

3. 心理扭曲

如果你身边的家人朋友说你太懒了，别不爱听，这是真的，这是一种心理上厌倦的情绪，不管是生气、嫉妒还是嫌恶等都可能引起拖延症的出现。

4. 无法实现自己的想法

因为你的拖延，会让自己的事情无法按照自己的意愿去完成，事情总是被拖延，好事总是不能成圆。

5. 变得自我

因为你不会对所有的事情都拖延，而是对自己不喜欢的事情拖延，不要认为自己只去做自己喜欢的事情就是对的，实际上一个有担当、有责任的人，还应该做自己应该做的事情，只有做好了自己应该做的事情，才能去做自己喜欢的事情。

6. 出现焦虑

因为他们工作和学习的不突出，拖延成了恐慌，他们开始否定自己、贬低自己，从而产生焦虑，甚至有厌世情绪。

生活中做什么事情都拖拖拉拉的人，注定只是一个平庸的人。今日事，今日毕。很多时候，拖延时间并不能真的解决问题，即时行动反而会带给自己一种充实感。你是否应该反思：曾因拖延而浪费了多少时间、失去多少机会、错过多少精彩的生活。

第 3 章

拖延止于行动：高效执行，不给自己犹豫的时间

　　人们总说："拖延和犹豫不决是一对孪生兄弟。"的确，无论做什么事，如果犹豫不决、瞻前顾后，只会给拖延带来可趁之机，也让最好的机遇与自己擦肩而过，任何一个成功者也必定有着做事果断的品质。如果你也希望成为一个做事高效的人，那么，你就必须要养成立即执行、绝不拖延的习惯。

何必考虑太多，不妨先行动

有人说自己是一座宝藏，挖掘得越深，获得的越多；也有人说，自己是一匹奔腾的野马，重要的不是学会怎样提速，而是学会控制自己。

朗费罗说："我们命定的目标和道路，不是享乐，也不是受苦，而是行动。"胸有壮志宏图，但若不能付诸行动，结果只能是纸上谈兵，毫无实际意义。

安尼瓦尔是一名销售员，他为自己制订了一个完整的销售方案。第一天到公司上班的时候，他没有去做销售工作，而是在办公室里听歌，他觉得他的销售方案太完美了，不用那么急着去工作。第二天他仍然没有去工作，他对自己说："我是学营销专业的，销售对我来说太简单了，不用急。"结果一个月过去了，他没有一点销售业绩，老板只好把他开除了。但是老板很惋惜，因为他的销售方案确实非常完美，只是安尼瓦尔没有立刻去执行。

对于一个公司来说，拖延很有可能会带来惨重损失。1989年3月24日，埃克森公司的一艘巨型油轮触礁，大量原油泄漏，给生态环境造成了巨大破坏。但埃克森公司却迟迟没有做出外界期待地反应，以致引发了一场"反埃克森运动"，甚至惊动了当时的布什总统。最后，埃克森公司总损失达几亿美元，形象严重受损。

社会学家卢因曾经提出一个概念，叫"力量分析"。他描述了两种力量：阻力和动力。他说，有些人一生都踩着刹车前进，如被拖延、害怕和消极的想法捆住手脚；有些人则是一直踩着油门呼啸前进，如始终保持积极、合理和自信的心态。

有了目标后，最重要的就是放弃任何借口，立刻将它付诸实施，并且坚持到底。我们常说，千里之行始于足下，就是要求我们行动起来，把心中的梦想通过立刻行动变成美好的现实。如果只是因为自己有一个美好的梦想就沾沾自喜，而忘记了行动的力量，那么无论天上的星星有多么漂亮，你也不能够把它捧在手中；无论对岸的风景有多么诱人，你也不能够目睹；无论海中的贝壳有多么美丽，你也不能把它挂在你的胸前。

那么，拖延心理是怎么产生的呢？

1. 潜在的恐惧心理

许多恐惧是我们意想不到的，许多人明明对一些事情充满着恐惧却不清楚自己到底在害怕什么，有的人声明自己并不害怕但他却一直在逃避某些事情，这些就是潜在的恐惧心理。有的人越是逃避，越是害怕，为了逃避这些，只能慢慢拖延，如害怕繁重的工作，就早上不想起来，总觉得有一种畏难情绪。

2.时间作息混乱

通常拖延症患者的时间作息都是混乱不堪的，如盲目乐观地估计自己的能力，他会想在睡前加班将工作完成，事实上他根本不知道自己是否能顺利完成；恐惧确切的时间，有的人十分恐惧时间，如总是等到主管催了一次又一次，才会交上自己的工作任务；没有具体的规划，拖延症患者根本不知道自己完成一件事情需要多久，也没办法说出自己的具体计划，他们总是想捍卫自己的自由，甚至想逃避时间的控制。

3.对最后期限的恐惧

拖延症患者行为与心理的矛盾表现为：一方面他们害怕时间不够用，担心没有时间；另一方面他们不到最后一刻决不采取行动，几乎不能提前开始行动，哪怕是之前开始行动了，也没办法坚持下去。对于大部分喜欢拖延的人而言，他们的心路历程就是这样。

4.追求完美犹豫不决

有的人喜欢追求完美，当他们在做一件事情的时候，总是犹豫不决、改来改去，临到紧急关头也拿不定主意，无法做出决断。这些问题导致他们对自己应当做的事情一拖再拖。

你是否有这样的表现呢？今天的事拖到明天做，6点钟起床拖到7点再起，上午该打的电话等到下午再打，每天要写的文章攒到最后时刻写，今天要洗的衣服拖到明天再洗，这个月该拜访的朋友拖到下个月。如果你有这些表现，那么你是一个十分拖延的人，应该立刻改掉这个坏习惯。

将最重要的事优先处理

1897年，意大利经济学家帕累托从大量具体的事实中发现：社会上20%的人占有80%的社会财富，即财富在人口中的分配是不平衡的。所以，二八定律成了许多不平衡关系的简称。一个人的时间和精力都是十分有限的，若想真正"做好每一件事情"几乎是不可能的，要学会合理分配时间和精力。

时间观念的改变，会使一个人的生活更丰富、更充实，在管理时间、利用时间的过程中，你的做事效率必定也会有一个很大的提升。时间对于每一个人来说，都是无法挽留的，它就像东逝之水，一去不复返。

全美市务公司的创办人亨瑞·杜哈提说："不管我出多少钱的薪水，都不可能找到一个具有两种能力的人，这两种能力是：第一，能思想；第二，能按事情的重要次序来做事。根据这么多年的经验，我意识到永远按照事物的重要性做事并非那么容易。但是，假如制订好计划，先做计划上的第一件事，那绝对比你随便做什么事情要有效果得多。"

富兰克林·白吉尔也是因为坚守了这个良好的习惯，所以赢得了成功。他堪称美国最成功的保险推销员之一，他往往会提前一天就计划好，甚至他为自己订下一个目标——每天卖掉多少保险的目标。假如这个目标没有完成，那差额就累积到第二天，以此类推。

美国钢铁公司前董事豪厄尔，曾经工作时最令他头疼的事情就是开会，好像每一次开会都需要商讨大半天，有时候甚至是一天。尽管每次开会都会商讨一些事情，但是开了一天会下来依然没能达成决议。最后，大家都很疲惫，却不得不将会议上的资料带回家继续研究。

豪厄尔觉得这种无效的会议是不妥当的，既浪费时间，又浪费精力。后来，他想到了一个绝妙的主意，那就是每次开会只讨论一件事，之后得出结论，不拖沓，不浪费时间。当然，开一次会议需要准备很多资料，但是一定要达成一个决议，在开始讨论下一个问题之前。公司董事会听取了这个方法，并按照这个方法开会，结果大大提升了开会的效率，带来的改变也非常有效。

在后来的会议上，曾经那些悬而未决的问题全部有了结果，再也没有未完成的工作。开会结束后，董事们可以轻轻松松地回家，再也不用带资料回家，心情轻松了，工作效率也有所提升。

这真是一个绝妙的方法，不但适用于美国钢铁公司的董事会，同样也适用于生活中为工作烦恼的我们。

1. 把工作分类

工作大致可以分两类：一种是不需要思考，直接按照熟悉的流程做下去；另一种是必须集中精力，一气呵成。对于这两类工作，所采用的方式也是不同的。对于前者，你可以按照计划在任何情况下有序地进行；而对于后者，必须谨慎地安排时间，在集中精力而不被干扰的情况下进行。

2. 定时完成日常工作

每天都需要做一些日常工作，如打扫卫生，保持一个良好的工作环境；查看电子邮件，与同事或上司交流；浏览网页；等等。那么，每天安排好时间集中处理这些事情，通常安排在上午或下午开始工作的时候，而在其他时候就不要做这些事情了。

3. 及时寻求帮助

对于熟悉的工作和操作，需要加快速度，保质保量地完成。对于自己工作中不太熟悉的技能和工作，及时向同事或上级寻求帮助，以加快工作进程。

当一天结束时，时间不会留作明天待用。一个有所作为的人，必须学会有效地安排时间、有效地利用时间，更为重要的是优化自己的时间观念，提升自己的做事效率。

下决心立刻去做，你的梦想往往会实现

生活中，我们总是有希望而不去抓住，有计划而不去行动，坐视各种希望和计划慢慢地离我们远去。行动就是力量，一万个空洞的说教远不如一个实实在在的行动。如果你真的下定了决心并且立刻去做一件事，你的梦想往往会实现。

成功者的成功，要么给普通人以莫大的成功动力，要么给他们以莫大的压力。成功者也是普通人，唯一的差别在于他们比普通人多做了某些事情，于是他们成功。你之所以还仅仅是在想成功，是因为现状还没有将你逼上绝路，你还得混下去。篮球场上得分最多的人一定是投篮次数最多的人，同时也是投篮而没有进球次数最多的人。大量的行动可能包含大量的失败，但同样也包含大量的成功。重要的不是有多少次失败，重要的是取得了多少次成功。

我们每个人或多或少都存在"拖延"这一不良习惯。拖延是一种阻碍人成功与发展的恶习，是可怕的精神腐蚀剂。试想一下，你如果拖延了一件事，那必定就占用了处理其他事情的时间，如此积累，你将拖延多少事、浪费多少机遇、造成多大的损失呢？不仅如此，拖延的习惯还会滋长人的惰性，一旦产生了惰性，人便失去了前进的动力。

"决不拖延"就意味着高效率的工作，是在相应的时间处理

相应的事。拖延是一种顽固的恶习，但绝不是不可改变的天性。一旦你摒弃了拖延的坏毛病，那你就等于成功了一半。

人生所有的理想和目标都是在付诸了行动后才实现的。如果不行动就不会有任何收获。因此，当你有一个好的计划时先开始做，只有在做的过程中才能发现问题，才能根据出现的问题解决问题，才能把梦想最终变为现实。当你的决心燃起冲动的火花时，你就要想尽一切办法去实现你的愿望，而一旦你的梦想变为事实时，你的自信心会增强，又会促使你在下一次行动时更得心应手，这样就形成了良性循环。

1. 快速行动

即便你具备了知识、技巧、能力、良好的态度与成功的方法，懂的比任何人都多，但你也可能不会成功，因为你还必须要行动，一百个知识不如一个行动。假如你终于行动了，也还不一定会成功，因为太慢了。在现代社会，行动慢，等于没有行动。你只有快速行动，立刻去做，比你的竞争对手更早一步知道、做到，你才有成功的机会。

2. 快速执行计划

人生总是有很多的机会到来，也总是稍纵即逝。我们当时不把它抓住，以后就永远失去了。有计划没有什么了不起，能飞快地执行订下的计划才算可贵。成功的人生就是持续不断地向自己发出闪电般的挑战，恒久地追寻生命最为壮丽的美好未来。成功的重要秘诀，就是用最短的时间采取最大量的行动。

机会来临不要犹豫，马上行动，这是你走向成功的必经之路。比尔·盖茨说："你不要认为那些取得辉煌成就的人有什么过人之处，如果说他们与常人有什么不同之处，那就是当机会来到他们身边的时候，立即付诸行动、决不迟疑，这就是他们的成功秘诀。"

立即去做，绝不耽误时间

当今社会，市场竞争异常激烈，市场风云瞬息万变，市场信息传播的速度大大加快。可以说，谁能抢先一步获得信息、抢先一步做出调整以应对市场变化，谁就能捷足先登、独占商机。如果你是一个渴望在竞争中获胜的人，你就应该明白一点，这是一个"快者为王"的时代，速度已成为一个人生存乃至发展的基本法则。而要做到这点，你就要做到立即行动、毫不犹豫，与此同时，你还要着重培养自己的判断力和执行力，以提高成功的可能性。

我们可能都听过拿破仑因为晚了1分钟而兵败滑铁卢的故事。拿破仑十分珍惜时间，他知道，每场战役都有"关键时刻"，能否把握住这一时刻决定战争的胜败，稍有犹豫就会导致灾难性的结局。拿破仑说，奥地利军队之所以不敌法国军队，是因为奥地利军人不懂得1分钟的价值。同样，历史毫不留情地在拿破仑身上重演，在滑铁卢战役中，拿破仑就因为晚了1分钟而被敌人打败，这短短的1分钟使拿破仑被送到了圣赫勒拿岛上，成为了阶下囚。

可以说，生活中大部分人都很希望成功，但只愿意做很少的努力。而那些成功者之所以会成功，是因为他们即使害怕也会行动，而大多数人正是因害怕而没有作为。

约翰·沃纳梅克——美国出类拔萃的商业家这样说过："没有什么东西你是想得到就能得到的。"成功的人与那些蹉跎人生的人的最大区别，就是行动！如果你能追溯那些成功人士的奋斗之路，你就会感叹："难怪他会做得这么好！"怎么样的行动能获得最大的成功？是马上行动！生活中的人们，你不要再感叹时光荏苒了，从现在起，立即行动吧，一秒钟也不要耽误，下一刻也许就会成功！

电影《笨的和更笨的》中有一个情节，劳埃德和他的朋友哈里都竭尽全力地寻找真正的爱情。有一天他们待在一条荒凉的道路边上，沮丧且束手无策。这时，一辆汽车停在他们身边。3个美得令人窒息的女孩走下来，面带羞涩地问他们："嗨，你们知道哪里可以找到两个小伙子，和我们一起涂满防晒油旅行几个月，以证实我们的防晒油的效果吗？"

哈里迅速地回答："当然知道！在沿着道路走3英里的小镇上就可以找到。"那些女孩见这俩傻瓜没领会她们的暗示，感到很失望，转身呼啸着把车开走了。劳埃德看着消失在灰尘中的车，转向他的伙伴说："你知道吗，哈里，一些家伙总是有好运气。我真心希望并且祈祷有一天相同的好运会降临到我们头上。"

不得不承认的是，在机遇面前，人们不同的态度产生了不同的结果，那些迟疑、犹豫的人最终只能与机遇擦肩而过；而勇敢的、主动的人却能积极努力，于是便赢得了机遇的倾心，你可以说这是偶然，但你又怎能说这不是必然呢？千万别轻视那小小的一步，就是它，可能会改变你的一生。

人们常说，是金子总会发光，其实不然。不是每一位有才华的人都会飞黄腾达，当机遇不来的时候，怨天尤人也无济于事；当机遇来临的时候，犹豫不决、畏缩不前则是你自甘平庸的症结。

总之，一个人若渴望获得一番成就，就要有强有力的执行力。因为执行是最重要的，执行力就是竞争力，成败的关键在于执行。

行事果断，别畏首畏尾

你是否经历过以下场景：这周末，你准备去市图书馆学习，但是周五晚上，你的死党给你打电话，希望你参加他举办的聚会。你会怎么办？你是会去学习还是经不住诱惑？如果你选择后者，那么，这只能说明你是个容易被他人影响的人。

成功学创始人拿破仑·希尔说："生活如同一盘棋，你的对手是时间，假如你行动前犹豫不决，或拖延行动，你将因时间过长而痛失这盘棋，你的对手是不容许你犹豫不决的！"

因此，如果你是个希望提高执行力和渴望有所作为的人，那么，你就必须努力成为一个有主见的人，做任何事、做任何抉择时，如果你左思右量，你只会延误时机。有时候，思虑周全并不为过，但千万不能瞻前顾后。所谓不要瞻前顾后，就是不要考虑别人如何评价我们、如何看待我们、我们能得到什么回报、得到什么奖励表扬和荣誉。别人的评价是在我们做完事情之后，而不可能在我们的行动之前或同时；而且是在我们做过之后很久很久，才会有客观的、中肯的评价。那些及时的、同时的表扬和奖励都是具有鼓励性质的，不是真正客观的、准确的评价。

不得不说，工作和生活中的那些拖延者，有很大一部分都是因为缺乏主见、被别人的行为左右而拖延时间、浪费生命。他们太容易为周围的闲言碎语所动摇，太容易瞻前顾后、患得患失，以至于给外来的力量可以左右他们的机会，这样，似乎谁都可以在他们思想天平上加点砝码，随时都有人可以使他们变卦，结果弄得别人都是对的，自己却没有主意。

不得不承认，任何一个富人的成功，都有他们自己的秘诀，但最重要的秘诀之一就是，他们从不放过一丝的机会，当机会来临时，他们会想尽办法抓住。

可见，我们在做事时，对世俗复杂环境我们能避开的就避开，不要轻信别人的胡言乱语，人要有自己的主见，要有坚定的信念，只有自己当机立断，相信自己的判断和能力，远离小人，你的事业才会成功。

人世间有太多会扰乱我们心绪的因素，对此，我们要懂得调节，才能避免他人的有意干扰，为此，我们需要注意以下几点。

1. 采用稳健的决策方式

有时候，你的大脑可能陷入哪个好哪个坏的争论之中，事实上没有这个必要，只要没有明确的二者择一的必要，就不必太早决策。

2. 要养成独立思考的习惯

不能独立思考，总是人云亦云、缺乏主见的人，是不可能做出正确决策的。如果不能有效运用自己的独立思考能力，随时随地因为别人的观点而否定自己的计划，将会使自己的决策很容易出现失误。

3. 坚决按照某种原则执行

利与弊往往是事情的一体两面，很难分割。有的人明明事先已经制定了能有效抵御风险的决策纪律，但是一旦现实中的风险牵涉到自己的切身利益时，往往就不容易下决心执行了。

4. 不要总是什么都试图抓住

过高的目标不仅没有起到指示方向的作用，反而由于目标订得过高，带来一定心理压力，束缚了决策水平的正常发挥。事实上在多数环境中，如果没有良好的决策水平做支撑，一味地追求最高利益，势必将处处碰壁。

5. 不要怕工作中的缺点和失误

成就总是在经历风险和失误的自然过程中获得的。懂得这一事实，不仅能确保你自己的心理平衡，而且还能使你自己更快地向成功的目标挺进。

6. 不要对他人抱有过高期望

百般挑剔，希望别人的语言和行动都要符合自己的心愿，投自己所好，是不可能的，那只会自寻烦恼。

总之，你需要明白的是，培养自己的执行力极为重要，因为机会稍纵即逝，并没有留下足够的时间让我们去反复思考，反而要求我们当机立断，迅速决策。如果我们犹豫不决，就会两手空空，一无所获。

第4章
拒绝借口：摆脱借口是克服拖延症的第一步

　　生活中，不少人在面对问责的时候，总喜欢给自己找借口，因为找借口比承担责任容易多了，而这一点，想必不少拖延症患者深有体会，一旦自己有拖延行为，他们的各种借口就出现了，如"这不是我的工作职责""雨下得太大了，所以来晚了""老板没告诉我该怎么做啊"。这些借口表面上看是拿来敷衍问责的人，其实是他们在敷衍自己，是自欺欺人。因为时间是我们自己的，你拖延害的只能是自己，因此，如果你想克服拖延症，不妨先从摆脱借口开始吧。

有什么是比找借口更容易的呢

人生在世，每个人都必须具备责任感，这不仅是对他人负责，也是对自己负责。而借口与托词则是责任的天敌。然而，在我们的生活中，总是在为自己的拖延行为找借口的人到处都是，这就是不负责任的表现。当他们接收到任务以后，并不是立即、主动地处理，而是不断地拖延，并为自己的拖延找借口。致使工作无绩效、业务荒废。可想而知，这样的人怎么可能有工作和事业上的突破？

习惯性拖延者总是能为自己找出各种各样的借口，我们也总是能看到很多借口的影子。

"因为我资金不足，所以没办法开始。"

"这段时间太忙了，这么多工作交给我一个人，我不可能完成。"

"我不是这个专业的，所以没有完成任务。"

"如果其他人更好地配合我的话，我想我会完成的。"

……

无所不在的借口，像空气一样弥漫在我们周围。借口变成了拖延的挡箭牌，事情一旦没完成，总能找出一些冠冕堂皇的借口，以博得他人的理解和原谅。找到借口的好处是能把自己的懒惰掩盖掉，心理上得到暂时的平衡。但长此以往，因为有各种各样的借口可找，人就会疏于努力，不再想方设法地争取成功，而把大量的时间和精力放在如何寻找一个合适的借口上。

在做事的过程中，经常找借口的后果就是养成拖延的坏习惯，初始阶段，也许你会有点自责，但随着拖延次数的增加，你会变得盲目，甚至到最后，你也认为自己做不到的原因正是借口中所说的原因。

在很多人羡慕的美国西点军校，"保证完成任务！"是学员的标志性话语。"保证完成任务！"绝不是一句简单的口号，它是一名军人对命令的承诺，它是勇士对责任的崇敬，它是全世界的军人、战士对理想的执着。在西点军校中，任何命令都是言必信、行必果的军令状，只有执行，没有任何借口。因为西点军人的字典里从来没有"借口"两字，在执行任务中，遇到困难总是想尽办法克服困难，不惜一切代价坚决完成任务。

没有任何借口，没有任何抱怨，职责就是一切行动的准则！处在平凡岗位的人们，或许你经常感叹为什么成功的机遇总是不光顾你？为什么领导不愿意把重大事件的处理工作交给你？为什么同事不愿意信任你？那么不妨反省，你是否有拖延、找借口的习惯？如果有，就从现在开始，彻底把借口从你人生的字典中永远剔除，立即执行吧。

张伟是某机械厂的老员工，一直以来，为人处世都还不错，也深受同事和领导的信任，但最近这次，他的情绪却失控了，最终因为与领导产生矛盾而离开了工厂。

其实，对这一点，同事和领导都不觉得意外，因为张伟对待工作实在太马虎了事了，无论做什么事，都是一拖再拖，经常还会耽误其他人的工作。其实，原来的张伟并不是这样的，他的改变是从一次意外事故开始的。那天，张伟上夜班，可能是因为太困了，一不小心从架子上摔了下来，幸亏架子不高，腿只是有点轻微的骨折，到现在，张伟走路也看不出来异样。

然而，从那以后，领导安排张伟干什么事情，他都借口说自己的腿不方便，毕竟是因为工作出的意外，领导也不好说什么。

时间久了，领导也对他有意见了。一天，他还是和往常一样，比正常上班时间晚了半个小时来到单位，到了以后，他却接到一个电话，主任安排他随兄弟部门的车下乡去一趟。于是，原本准备上楼的他就在单位门口等车。可是，一个多小时过去了，却没见到车的影子。于是，他就给主任打电话。谁知道下乡的车早已经开走了。他立即打电话给主任说明情况。对此，主任说："那你为什么迟到呢？"

张伟赶紧来到主任办公室，想当面向他解释清楚。主任却说："今天你必须得去。要不然就自己坐公共汽车去。"说完，又忙自己的了。张伟的怒火"腾"的一下蹿起来了。这明摆着就是在惩罚自己，而自己错在哪儿了？ "我不去。"他冷冷地说。

"嘭"，主任猛地一拳捶在桌上，咬牙切齿地说："今天你不去也得去。"张伟气急了，也捶了一下桌子。

这一瞬间，主任吃惊地望着张伟，这时，主任办公室外也已经挤满了来看热闹的人。

从那件事以后，主任有意冷落张伟，他把办公室能处理的事情都交给别人做，这让张伟寝食难安，最后，张伟还是决定辞职，因为这家公司他确实待不下去了。

这则职场故事中，职员张伟总是拿曾经因工受伤这一借口拖延工作，因为拖延，他也与领导产生了矛盾，最终只得辞职离开。

有命令就要去执行，这是我们每个人都应该遵循的做事准则。因为懒惰，你的那些借口能为你带来一时的安逸、些许的心灵慰藉，但是却让你付出更昂贵的代价。

我们要从以下三个方面努力。

1. 要克服懒惰，选择行动

一个人之所以懒惰，并不是能力的不足和信心的缺失，而是在于平时养成了轻视工作、马虎拖延的习惯，以及对工作敷衍塞责的态度。要想克服懒惰，必须要改变态度，以诚实的态度，负责、敬业的精神，积极、扎实的努力对待工作，才能做好工作。

2. 要端正态度，直面责任

"积极高昂的态度能使你集中精力完成自己想做的事情。"

在工作中，应始终保持平常心态，在任何时候，工作和责任始终捆绑在一起，工作越好，责任越大，没有工作也就无所谓责任，要敢于负责。

3. 要不找借口，立即行动

工作的最终目的就是把工作做好，在相应的时间里，实现最大的效益，任何的借口和拖延都将成为工作的敌人。工作的选择、工作的态度、工作的热情都建立在立即工作和立即行动上，只有行动才会让这一切变成现实。

"没有办法"只是拖延者的托辞

生活中，人们常说："成功者找方法，失败者找借口。"任何一个渴望成功的人，都要记住一点，我们的字典里绝不能有借口，"没有办法"只是庸人和懒人的托辞。"没有办法"只会让我们一味地拖延。诚然，在追求目标的这条路上，总会遇到一些沟沟坎坎，但只要你积极寻找方法，就能跨过去。事实上，在一些人的眼里，那些困难很容易成为他们懒惰、放弃、改变目标的借口，一段时间后，又常常自责。这种消极情绪一旦循环，就将限制你的能力的发展。

"没有办法"或"不可能"都是庸人和懒人的托辞。我们发现，生活中有一些人，总是牢骚满腹，他们总是寻找种种借口拒绝完成任务或为自己开脱。然而，那些精英会想尽办法去完成任何一项任务，而不是为没有完成任务寻找借口，哪怕是合理的借口。

生活中，当你在做每一件事的时候，要对自己说一声：没有任何借口。

当美西战争爆发后，美国必须立即跟西班牙的反抗军首领加西亚取得联系。加西亚在古巴丛林的山里——没有人知道确切的地点，所以无法带信给他。美国总统必须尽快地获得他的合作。

怎么办呢？有人对总统说："有一个名叫罗文的人有办法找到加西亚，也只有他才找得到。"

他们把罗文找来，交给他一封写给加西亚的信。那个名叫罗文的人拿了信，把它装进一个油纸袋里，封好，吊在胸口，3个星期之后，他徒步走过一个危机四伏的国家，把那封信交给了加西亚。

在工作的时候，或许的确面临困难，并且这个困难是客观存在并不以人的意志为转移的，但是我们却可以通过自身的努力来克服它。我们并不能等所有的外部条件都完善了再开始着手做事，我们能做的唯有立刻行动，不找任何借口。

事实上，"没有任何借口"强调的是执行力，不找借口之后最重要的是如何去执行。一个有执行力的军队是总能打胜仗的军队，一个有执行力的人才更有竞争力。

无论什么工作，都需要这种不找任何借口去执行的人。无论是一支球队、一个企业，还是一个团队或一名员工，如果没有良好的执行力，就算有再多的创造力也可能无法取得好的成绩。在现实生活中，缺少的正是那种想尽办法去完成任务，而不是去寻找任何借口的人。

为什么一些人习惯给自己找借口？找借口的好处是能掩盖自己的过失，推卸自己应该承担的责任，进而自己原谅自己，使心理上得到暂时的平衡。但长此以往，因为有各种各样的借口做保护，自己就会疏于努力，在精神上懈怠、在行为上拖延，往往会因此消磨进取的斗志，最终害的只会是自己。

可见，杰出人士与平庸之辈最根本的差别并不在于天赋，也不在于机遇，而在于是否具有成功的态度。成功是一种态度，这种态度就是失败了不找借口，而是反躬自省，从自己身上找原因。

与其找借口，不如找方法

人生不应该停留在等和靠上，成功不会像买彩票那样充满侥幸，唯一需要的应该是制订计划并立即执行。不等不靠，现在就去做，表现出来的是一个成功人士应有的精神风貌。如果你是因为没有信心才迟迟不敢行动，那么最好的消除障碍的办法就是立刻去做，用行动来证明你的能力，增强你的自信。与其找借口，不如找方法。

李大钊曾经说过："凡事都要脚踏实地去作，不弛于空想，不骛于虚声，而惟以求真的态度作踏实的工夫。以此态度求学，则真理可明。以此态度做事，则功业可就。"

面对很多事情，庸者只会说"那个客户太挑剔了，我无法满足他""我可以早到的，如果不是下雨""我没有在规定的时间里把事情做完，是因为……""我没学过""我没有足够的时间""现在是休息时间，半小时后你再来电话""我没有那么多精力""我没办法这么做"等。

然而，遗憾的是，在现实生活中，我们经常听到这样或那样的借口。上班迟到了，会说"路上塞车""早上起晚了"；业务成绩不好，就会说"最近市场不景气，国家政策不好，公司制度不行"。对这样一些整天寻找借口的人，只要他们用心去找，借口无处不在。结果，他们把许多宝贵的时间和精力放在了怎么样寻找一个合适的借口上，而浑然忘记了自己的职责所在。

假如所有的行动就好像发射火箭一样，在发射之前所有的设备、程序等条件都必须全部到位，行动只有发射的那瞬间，那这些理由确实是合适的。然而，在我们现实生活中，如果真的等到全部条件具备齐全之后才开始行动，那就会丧失机会。"条件不具备"其实也是自己逃避责任的借口，以条件不具备作为借口不行动，只会延误计划、丧失机遇。如果我们觉得自己能力不足，为什么不去寻找自己到底哪里不足，而不是找借口说"我不行"。

1. 找准自己的责任

不管做什么事情，都要记住自己的责任，不管在什么样的工作岗位上，都要对自己的工作负责。千万不要用任何借口来为自己开脱或搪塞，因为良好的执行力是不需要任何借口的。

借口是一面挡箭牌，这本身就是一种不负责任的态度。时间长了，对自己绝对是有害无益。因为你花了太多的时间去寻找各种各样的借口，就会不再努力去工作，不再想方设法地争取成功。对老板吩咐下来的任务，如果你不想做，就会找一个借口；如果你想去做，那就会找一个方法。因此，找借口不如找方法。

2. 不需要找借口

每天，我们需要对自己说："我是一个不需要借口的人，我对自己的言行负责，我知道活着意味着什么，我的方向很明确，我知道自己的目的是怀着一种使命感做事情。我行为正直、自己做决定并且总是尽自己最大的努力。我不抱怨自己的环境，努力克服困难，不去想过去而是继续去实现自己的梦想。我有完整的自尊，我无条件地接受每一个人，因为在上帝的眼中，我们都是平等的，我不比别人差，别人也不比我好。作为一个没有任何借口的人，我对自己的才能充满信心。"

其实，在每一个借口的背后，都隐藏着丰富的潜台词，那就是逃避困难和责任。如果是智者，他就会说："我会尽力想办法的。"当许多事情已经形成定局，我们只能寻找方法，而不是寻找借口。

无论如何，都要对自己的一切行为负责

不找任何借口，它所体现的是一种负责、敬业的工作精神，一种诚实、主动的态度，一种良好、积极的执行力。在很多时候，借口是毫无意义的。"没有任何借口"，让自己养成不畏惧的决心、坚强的毅力，以及良好的执行力。不管自己遭遇什么样的环境，都必须学会对自己的一切行为负责。

张三和李四是两个裁缝师傅，有一次，他们在一起工作时，张三需要将手中的针交给李四。不过，就在快要交接的时候，张三手中的针掉到了地上，当时又是昏暗的傍晚，屋里光线很暗，实在不容易找到一根针。

在这个时候，他们应该怎么办呢？我们可以设想一下，起码会出现以下三种情况。

首先，张三和李四开始吵架，李四指责张三没拿稳针，张三责怪李四动作慢了才会导致针掉在地上，他们一直在争论这是谁的责任，压根儿忘了地上的针。

其次，张三和李四纷纷表示应该先找到针才是正事，所以接

下来的几个小时，他们都会在地上找针。

最后，张三和李四为了尽快找到针，分头行动，一个从这边开始找，一个从那边开始找。

那么，我们可以猜想一下，上面这三种情况哪种能最快找到针呢？

几乎所有的人都知道第三种情况能最快找到针。如果总是埋怨对方，总是为自己找借口，事情永远也做不好。故事很简单，但是蕴含的哲理却很深刻，如果两个人各自为自己开脱，"这与我没关系""这不是我的责任"，那么只能让麻烦越变越大，根本就不能解决问题。找各种借口为自己开脱，只会欲盖弥彰。这样一来，就会给老板留下不能按时完成任务、能力差的印象。长此以往，这种人在公司的地位就会越来越低，其他人也不愿意和这种人合作，因为他们害怕有一天，这种人也会将所有的责任都推到他们身上。

也有一些人在遇到问题的时候，不会想着找借口，而是想尽快找到解决问题的办法，将问题解决。这样的人责任心很强，他们对自己做不到的事也不会找各种各样的借口，他们会真诚地说出自己为什么没能及时将问题解决，用各种办法在最短的时间内将问题解决。这样的人是不会轻易许诺的，如果真的许下什么诺言，他们一定会想尽各种办法实现诺言。

1. 没有借口

即使有什么问题没有解决，也别费尽心思地去找各种借口为自己辩白，而是将所有的情绪都放下，先解决问题，因为他们知道，解决问题才是最关键的。

2. 别推卸责任

在现实生活中，我们经常会听到这样或那样的借口。当人们做不好一件事情，或者完不成一项任务，就会有很多借口，在借口的遮挡下，他们学会了抱怨、推诿、迁怒，甚至愤世嫉俗。其实，最终他们都没发现，借口就是一个敷衍别人、原谅自己的挡箭牌。寻找借口，无疑是掩盖自己的弱点，推卸自己的责任。

我们应该想尽办法去完成任何一项任务，而不是为没有完成的任务去寻找这样或那样的借口，即便是看似很合理的借口，那都是不允许的，需要有一种不达目的不罢休的毅力。在生活中，我们要知道，做任何一件事情，只要我们努力去做，就不可能不会成功，千万不要把借口当作自己的挡箭牌，你不可能一辈子依靠借口而活。

所有的拖延借口都只是自欺欺人

对于那些拖延者来说，也许他们最喜欢做的事，就是对监督自己的人"解释"自己为什么没有完成任务，也就是找借口，这些借口名目繁多，如假期结束前，你需要交一篇论文，但整个假期，你一想到写论文就心烦，你认为明天的精神状态应该会好些，于是，你不断地拖延，等了好多个"明天"，但直到最后，你也没写出来。于是，交论文的时候，你想想你会对你的指导老师说这样的话吗？"原来我准备精力充沛的时候再去写，但是好像我从来都没有精力充沛过。"估计只有智力不足的人才会这样解释。你真正给老师的借口可能是："我本来写好了的，但是被狗狗撕坏了。""我用笔记本电脑写的，但是却忘记保存了，最后因为停电丢失了。"看，我们给他人的解释与自己内心的解释很明显是不同的。

可见，拖延很容易让人陷入口是心非的陷阱中，当然，别人也十分精明，未必不能看出我们的借口。也就是说，很多时候，借口只是我们在自欺欺人而已。之所以这样说，是因为以下两方面原因。

1. 你因拖延而产生的后果并不会因为借口而发生改变

在做某件事的过程中，经常会出现一些"状况"，在拖延者看来，这些障碍就是阻止他们完成任务的借口，他们最终拖延了任务的提交时间，但他们却不反省，不认为是自己的责任，反而可以义正词严地认为如果没有这些障碍，自己可以做得很好。

然而，这些借口真的能为你免除责任吗？那些从来都准时上下班、顺利完成任务的人难道就没有遇到过障碍吗？在他们看来，无法完成任务几乎是不可能的事，真当他们做得不够好的时候，他们也会寻找自身的原因，而不是找借口。

心理学家经过分析发现一个惊人的事实，很多人并不会认为自身的拖延是失败的根源，反而认为是失败导致了自身问题的存在。

例如，"如果我不是这么害羞，我相信会有人喜欢我的，交朋友对于我来说实在是一件困难的事情。"再如，"不是我的错，我没有做成这件事，是因为其他事妨碍了我。"很明显，这些借口都是人们对自己的束缚，更是他们强加到自己身上的。

2. 拖延只会导致失败

任何一个踏实工作的人从不会给自己找借口拖延，即便没有完成任务也不会，因为他们知道上司要的是结果，而不是你再三解释的原因。我们也要做到坚决、无条件地执行，而无论在什么情况下，拖延只会导致失败。

在商场上，买卖双方谈判一宗上千万元的大生意。这时候你能拖延吗？时间就是金钱！你的一点点拖延都会让对方产生不信任之感，犹豫之中，你赚钱的机会就在不经意间溜走了。

在考场上，面对题目繁杂的试卷，你能够拖延吗？时间就是分数！你的拖延很可能使自己无法按时答完试卷。慌忙之中，你乱了阵脚、看错题、来不及做题、思路混乱、不能发挥自己的正常水平。于是，本应是状元的你落榜了。

在职场上，面对一项富有挑战的工作，你能够拖延吗？时间就是机遇！你的一点点拖延可能会耽误整个公司的流程，丧失最佳竞争时机，而你也失去了成功的机遇。

可见，拖延的坏毛病是绝对要不得的！实际上，在生活中，每天还是有那么多的人在浪费着自己的生命。无数事实证明，如果你想成功或成为你理想中的人，最好的办法就是绝不拖延，立即行动！光"说"不"练"肯定不行，这就要求我们平时就要养成立即行动的习惯，一旦发生了紧急事件，或者当机会来临时，能做出强有力的反应。同时，当我们对事情有某种想法时，一定要设定完成期限，并告诫自己是无法变更的，这样一来，你就没有再拖延的借口。

生活中，太多的故事都揭示了拖延是如何导致最坏的结果——它会像癌细胞一样逐步扩散，直至吞噬整个生命。你每次拖延所产生的负面能量会一点一滴地积累起来，最后，和持续改善一样，它会以水滴石穿般的威力严重影响你的自信、自尊、自爱，最终使你彻底崩溃。

当然，这一危险意识是需要你自己去感悟的。同时，你也需要从反面来感悟立即行动带来的快乐。

而其实，方法只是一种帮助你消除拖延的辅助手段，最主要的还是取决于你的思想和态度。只要你端正态度，让绝不拖延深入内心，即便没有任何方法，你也能消除拖延。选择权掌握在你手中！

遵循帮你摆脱拖延借口的五个步骤

如果你的身边有拖延者，只要你细心去找会发现，对于他们来说，他们总是有这样那样的借口，但长此以往有害而无益。借口给人带来的严重危害是让人消极颓废、行动拖延，久而久之，这种消极的态度会剥夺一个人成功的机会，最终让人一事无成。优秀的人从不在工作中寻找任何借口。因为他们知道，寻找借口的恶习一旦养成，失败也就接踵而来。

庆幸的是，对于很多人来说，他们已经认识到找借口对于高效行动和克服拖延症的负面影响，他们也在积极寻找解决这一问题的方法。为此，我们总结出了五个步骤：

第一步，认识，找出工作中那些你总喜欢为自己的拖延行为开脱的借口。

人们的拖延行为形态各异，所找出来的借口也纷繁复杂，不过我们经常能听到的几种借口是：

1. "我太忙了。"

在很多公司或企业，我们总是能听到这样的对话：

"杰克，我交给你的任务进展如何？"面对领导的问题，回答一般是这样的："着手在做了，只是最近太忙了，我还得处理其他好几个工作。"或者"真不好意思，我还没开始呢，最近太忙了，你知道我还得做……"

"小李，你去帮我查一下李先生最近什么时候有空，帮我约一下他，有笔业务要谈。""对不起主管，我手头事情太多了，你找小张吧。"

也许"忙"是我们最容易说出口的借口，也最容易被人理解，然而，不知你是否意识到，你太忙，只能说明你工作效率低、工作不称职，如果你实在做不好，总有人会代替你。还是想想怎么努力提高你的执行力吧！

2. "为什么不早跟我说。"

很明显，这是被人们称为马后炮的借口，这样一句话，很轻松地就把责任推卸到他人身上，这个人很有可能是你的上司，他并不愿意听到你这样的借口，在对你失望后，他可能会选择其他人去做这件事。

3. "这件事不归我管。"

在企业内部，这种推卸责任的话经常会充斥在我们耳边，这是一种缺乏团队精神的表现，这种人通常都会被团队排斥在外。

4. "等老板回来再说吧。"

要知道，老板终究是老板，老板日理万机、分身乏术，他聘请员工回来就是为自己解决问题的，而不是将问题都推回给自己，如果你总是用这样的借口推脱责任，那么，最终你只会被炒鱿鱼。

当然，我们做事拖延的借口还有很多，每个拖延者惯用的借口也不一样，但无论如何，都请把这些借口写下来，然后在下次行动的时候告诫自己绝不可再以此为挡箭牌。

第二步，付诸行动，用理性克服拖延行为。

找到自己常用的借口，还需要用行动来戒除。尝试着每次在接到任务的时候说："我马上去做吧。"这句话会督促你去实施，并且你需要一个行动计划，最主要的是，一定要在计划中限制你的完成日期。

做一份工作所需要的时间、精力、资源，与工作本身并没有太大的关系，一件事情膨胀出来的重要性和复杂性，与完成这件事情的时间成正比。换句话说，如果你给自己太多时间完成一件工作，那么，不仅不能提高效率，反而会使人懒散，缺乏工作激情。

第三步，融合和强化你的执行力。

这个阶段，你的执行力已经得到一定程度的提高，但偶尔你还是会有拖延的想法，因为在执行的过程中，确实出现了一些难题，为了避免产生放弃的念头，你必须强化你的执行力。为此，为了克服畏难情绪，你要规定自己首先处理一些重要事务。

我们每天都要处理很多事务，很多人认为，先处理那些不紧要的事务，会起到激励自己的作用，实际上，这种想法是错误的，把最紧要的事务拖到最后来干，你会发现，经过一天疲惫的工作后，你已经没有精力和时间来完成它了。

而我们之所以有这样的想法，实际上是因为有畏难情绪，是有意识地回避那些重要的、难度大的工作。因此，我们一定要克服这样的心理倾向，首先着手最重要的工作，用足够的时间和精力来处理它，并把它办好。

第四步，接受不完美。

如果你是个完美主义者，在每次行动前，你是否都习惯规划整件事，然后将每个细节都考虑在内？但最终，你白白浪费了时间、延误了开始的时机，其实，与其有个完美的开始，不如有个完美的结局，很多时候，把事情做完远比把事情做得完美更适当。

第五步，持之以恒，形成良好的做事习惯。

这是摆脱拖延症借口的最后一个阶段，最重要的是我们坚持。很多事情，只要你坚持去完成，你就能做成。

第 5 章
制订恰当目标：有目标不拖延

　　相信不少拖延者都有这样的心理体验：因为不知道该从哪儿着手、不知道该做什么而一直没有行动，而这就是缺乏目标导致的拖延行为，当然，也有一些人并不是没有做，而是瞎忙，进而浪费时间，但无论如何，效率都不高。为此，现实生活和工作中的我们，有必要明确一点：你到底该做什么、该怎样做。相信你只有明确目标，才能找到不拖延、立即行动的动力。

找对方法，不在瞎忙中拖延时间

人活于世，仅仅知道做什么是不够的，因为人的命运取决于做事的结果，而结果取决于做事的方法。做事持之以恒、有毅力、肯努力，这些都是优秀的品质。然而，方法比瞎忙更重要。抓不住事情的关键所在，只知道埋头苦干的人，只能白费气力，最终也解决不了问题。

某建筑公司为一栋大楼安装电线，不过很快遭遇了难题。原来，他们需要把电线穿过砌在砖石里且拐了5个弯的一条长20米、直径3厘米的管道，这简直是不可能完成的事情，怎么办呢？

有一个装修工人非常聪明，总喜欢想一些奇妙的主意。他先到市场上买回来一公一母两只白鼠。然后，他将绑了电线的公鼠放在管子的一端，另一名工作人员把母鼠放在管子的另一端，然后轻轻地捏它，让母鼠发出叫声。在管子一端的公鼠听到母鼠的叫声，便会沿着管子去找它，这样绑在它身上的电线便会沿着管子铺好，等到公鼠和母鼠相见的时候，电线也很容易就连在一起了。

每一个人都要努力做到：用脑去想，用心去做。学会思考，学会发现问题、解决问题，学会认认真真地做好每一件事。聪明地做事，好机会就会来到你的身边。大部分人都专注于他们的欲望，无所作为地工作，以至于没有时间来思考少花时间和精力的方法。缺乏思考能力和做事方法的人往往事倍功半，费力不讨好。

贾先生是一个喜欢帮忙却不喜欢动脑筋的人。有一次，他在走路时发现有个人正要将一块木板钉在树上当搁板，他乐于助人的心又被唤起了。他走过去，说："我觉得你应该先把木板头子锯掉再钉上去。"于是，他先去找来锯子，不过刚锯了两三下，又觉得锯子不够快，需要磨一下。

贾先生又转过头去找锉刀，但是锉刀缺少一个顺手的手柄，他又忙着去找手柄。没找到，不如自己做一个吧，他去灌木丛中寻找小树，正要砍树时发现斧头不够快。而磨斧头需要将磨石固定好，这又需要制作支撑磨石的木条。制作木条少不了木匠用的长凳，可这没有一套齐全的工具是不行的。于是，贾先生到村里去找他所需要的工具，然而这一走，就再也不见他回来了。

无数人的实践经验证明了这一点：单纯地努力工作并不能如预期的那样给自己带来快乐，一味地勤劳并不能为自己带来想象中的生活。懂得思考，掌握方法，这是做事最关键的一点。身处于竞争激烈的社会中，同样一项工作任务，有的人可以十分轻松地完成，而有的人还没有开始就时不时出现这样或那样的问题。其中的关键，就在于前者在用大脑工作，善于想方法去解决问题。只有在工作中主动想办法解决困难、问题的人，才能成为公司中最受欢迎的人。

在生活中，我们不可能总是一帆风顺的，当遇到难题的时候，绝对不应该一味下蛮力去干，要多动些脑筋，看看自己努力的方向、做事的方法是不是正确。

从前有一个人，家里十分贫穷，吃不饱，穿不暖，他给国王做了多年的役工，累得疲惫不堪。国王看见他太可怜，就将一峰死骆驼赏赐给他。得到国王赏赐的东西，他非常激动，很久没有开过荤了，想马上品尝肉的滋味。他先是动手给骆驼剥皮，但是家里的刀子太钝，他又去找磨刀石磨刀，终于在楼上找到一块。他先是在楼上磨刀，然后下楼来割皮。就这样反复上楼下楼，来回磨刀，来回割皮。

他感到实在太累了，不想再这样一次又一次地反复楼上楼下跑。他决定将骆驼搬到楼上去，这样可以在楼上磨刀，就近剥皮。但是，上楼的楼梯太窄，不管他怎么使劲，依然不能成功地将骆驼搬上去。

看完这个故事，有人会讥笑这个役工，认为他头脑愚钝，不懂变通。然而，他不也是生活中许多人的真实写照吗？从小到大，在我们的美德中，努力与坚持都占据重要的位置。我们无一例外地被教导过，做事情要有恒心和毅力。"只要努力，再努力，就可以达到目的"。这样的观念根深蒂固地存在于我们的头脑里。

1. 思维很重要

对于现实中的人来说，在学习和工作中，努力是好事情，但是光努力是不够的，还要多动脑、多思考，这样才能真正做出成绩。要善于观察、学习和总结，仅仅靠一味地苦干，只埋头拉车而不抬头看路，结果常常是原地踏步，明天将仍旧重复昨天和今天的故事。

2. 找对方法

一个人如果按照这样的观念做事，就会不断地遇到挫折和产生负罪感。由于"不惜代价，坚持到底"这一教条的原因，那些中途放弃的人，就常常被认为"半途而废"，那些另寻出路的人，也被人称作逃兵。

不掌握正确的做事方法，往往只是做无用功。正确的方法比执着的态度更重要。调整思维，尽可能用简便的方式达到目标，用简易的方式做事，才是聪明人做事的方法。

梦想是行动的指南针

人生是需要梦想的，万一实现了呢？不能抱持梦想的人，他们不知道自己所要的是什么，总是茫然地生活着。确定自己的梦想，不论是对人生或是对任何的行动，都是非常重要的。

生活中，许多人缺乏明确的梦想，他们看起来努力，总是不断地爬，却永远找不到终点，找不到目的地。没有梦想，行动没有焦点，即便努力了很久，也得不到任何成就与满足。人们把一些没有计划的活动错当成人生的方向，即便他们花费了很大力气，由于没有明确的梦想，最后还是哪里都去不了。

乔布斯说：把生命的每一天当作最后一天来过。虽然我们没有那么强烈的危机感，但是人类在灾难面前是多么的渺小，生命在受到威胁的时候是多么的脆弱和不堪一击，即使世界末日是个谣言，现在也是我们该好好反思的时候了。如果明年是我们生命中的最后一年，我们有没有还没有完成的理想？有没有还没来得及实现的愿望？让我们把世界末日作为期限，认真地写下自己的愿望，然后努力在世界末日来临之前一件一件地完成。

也许你现在与别人差距不大，那是因为你们距离起跑线不远，而不是你比别人聪明，或者说上天眷顾你，你是属于那10%的目标清晰的人还是剩下的部分，只有你自己最清楚，不过，希望你能努力成为那10%的目标清晰的人。

1.分类列出梦想清单

可以分类列出梦想清单，如30分钟内做完的梦想清单，10分钟内做完的梦想清单。分类记录心愿，如最想去旅行的10个地方，最想读的10本书，最想看的10部电影，最想吃的食物，等等。

2. 人生之旅从梦想开始

有人曾这样说，一个人无论他现在多大的年龄，其真正的人生之旅，是从有梦想那一天开始的，之前的日子，只不过是在绕圈子而已。要想获得成功，我们就必须拥有一个清晰而明确的梦想，梦想是催人奋进的动力。如果你缺失了梦想，即使每天不停地奔波劳碌，也无法获得成功，而成功者之所以能轻松地走向成功，那是因为他们有梦想清单。

3. 有梦想就有了动力

在生活中，一旦我们确立了清晰的梦想，也就产生了前进的动力，所以，梦想清单不仅仅是奋斗的方向，更是一种对自己的鞭策。有了梦想，我们就有了生活的热情，有了积极性，有了使命感和成就感。有清晰梦想的人，他们的心里特别踏实，生活也很充实，注意力也随之神奇地集中起来，不再被许多烦恼的事情干扰，他们懂得自己活着是为了什么，所以，他们的所有努力都是围绕着一个比较长远而实际的梦想进行的，一步一步走向成功。

列出梦想清单，完成这张清单的最终目的是帮助自己感受"做自己喜欢的事是什么感觉"。通过尝试那些你可能喜欢的事情，让自己了解自己的真正长处、自己的核心竞争力是什么，还有什么远大的目标值得你去追求。

及时调整更新你的计划，以防偏差

前面，我们已经分析过，计划与目标对于一个人工作的重要性，只有树立明确的目标，并制订出周详的计划，我们的行动才有指引。就连那些指挥作战的军事家，他们在战斗打响前，也都会制订几套作战方案；企业家在产品投放市场前，也会制订营销计划并做好一系列的市场营销。而在我们工作的过程中，学会制订计划，其意义是很大的，它是实现目标的必由之路。然而，计划是否完备、是否万无一失、是否在执行的过程中与原定目标逐渐偏离，还需要我们在做事的过程中经常检查。

可能你曾有这样的经历：当上级领导交代给你一件任务，你也为此做了精心的准备，制订好了实施方案，在整个执行的过程中，你一鼓作气，认为完美无瑕，而当你把工作成果交给领导时，却被领导认为这份成果与原本的任务目标背道而驰。这就是为什么我们常常被上司、领导以及长辈教导做事一定要带着脑子，一定要多思考，以防偏差。我们先来看下面一个故事：

甜甜是一名高三的学生，还有3个月她就要上"战场"了。这天周末，姨妈来她家做客，甜甜陪姨妈聊天，话题很容易便转到甜甜高考这件事上了。

姨妈问甜甜："你想上什么大学啊？"

"浙大。"甜甜脱口而出。

"我记得你上高一的时候跟我说的是清华，那时候你信誓旦旦说自己一定要考上，现在怎么降低标准了？甜甜，你这样可不行。"

"哎呀，姨妈，咱得实际点儿是不是，高一的时候，树立一个远大的目标是为了激励自己不断努力，但到了高三，我自己的实力我很清楚，我发现，考清华已经不现实了，如果还是抱着当初的目标，那么，我的自信心只会不断递减，哪里来的动力学习呢？您说是不是？"

"你说得倒也对，制订任何目标都应该实事求是，而不应该好高骛远啊，看来，我也不能给我们家倩倩太大压力，让她自己决定上哪个学校吧。"

这则故事中，甜甜的话很有道理，的确，任何计划和目标的制订，都应该根据自身的情况和所处的时间段，不切实际的目标只会打击我们的自信心。诚然，我们应该肯定目标的重要意义，但这并不代表我们应该固守目标、一成不变，很多专家对那些求学的人提出建议，要不断调整自己的目标。也许你一直向往清华北大、一直想排名第一，但是根据第二步的分析，如果这些科目经过努力仍无法提高的话，就应该调整自己的目标，否则不能实现的目标会使你失去信心，影响学习的效率，有一个不切实际的目标就等于没有目标。

不仅是学习，工作中我们也要及时调整自己的计划，做事不能盲目，策略的第一步应该是明确自己的目标，有目标才会有动力，有了动力才能够前进。但在总体目标下，我们可以适当调整自己的计划，这正如石油大王洛克菲勒所说的："全面检查一次，再决定哪一项计划最好。"任何一个初入职场的年轻人都应该记住洛克菲勒的话，平时多做一手准备，多检查计划是否合理，就能减少一点失误，多一份把握。

在做事的过程中，当我们有了目标，并能把自己的工作与目标不断地加以对照，进而清楚地知道自己的行进速度与目标之间的距离，我们的做事成果就会得到提高，就会自觉地克服一切困难，努力达到目标。

思维指导行动，如果计划不周全，就好比一个机器上的关键零件出了问题，那就意味着全盘皆输。一位名人说得好："生命的要务不是超越他人，而是超越自己。"所以我们一定要根据自己的实际情况制订目标，跟别人比是痛苦的根源，跟自己的过去比才是动力和快乐的源泉，这一点不光可以用在工作上，在以后的生活中都用得着，这对我们的一生将会产生积极的影响。

另外，即使我们依然在执行当初的计划，但计划里总有不适宜的部分，对此，我们需要及时调整。也就是说，当计划执行到一个阶段以后，你需要检查一下做事的效果，并对原计划中不适宜的地方进行调整，一个新的更适合自己的计划将会使今后的执行更加有效。

因此，你可以把自己的目标细化，把大目标分成若干个小目标，把长期目标分成一个个阶段性目标，最后根据细化后的目标制订计划。另外，由于不同的工作有不同的特点，所以你还应根据手头任务制订细化的目标。细化目标也能帮助我们及时调整自己的目标。

总之，我们应该根据自己的实际情况，制订一个通过自己的努力能够实现的目标，并且目标的制订不是一成不变的，要根据实际情况不断地进行调整。经过一段时间的实践，你一定能够确定一个给自己带来源源不断的动力的目标。

立即向目标奋进，拒绝拖沓

曾有人问一个做事拖拉的人："你一天的活儿是怎么干完的？"这个人回答说："那很简单，我就把它当作昨天的活儿。"这就是拖沓的习惯，其实，拖沓岂止是把昨天的活儿拖到今天来干。有人给拖沓下的定义为：把不愉快或成为负担的事情推迟到将来做，特别是习惯性这样做。如果你是一个做事拖沓的人，那么，生活中你大部分都在浪费时间，做一件事也需要花很多时间来思考，担心这个或担心那个，或者找借口推迟行动，但最后又为没有完成目标任务而后悔，这就是"拖沓者"典型的特点。拖沓对于成功来说，是一个讨厌的绊脚石，拖沓的习惯阻碍目标任务的完成。所以，要想获得成功，就需要立即向目标奋进，拒绝拖沓。

说到拖沓这个习惯，相信许多人都不陌生，因为在平时生活中，随处可以见到它的身影。在该工作的时候上网冲浪，总是对自己说："明天再去做吧。"但是，正所谓"明日复明日，明日何其多"，在拖沓的过程中，我们错过了许多完成目标的机会。

完成既定目标、提高自己的工作效率在于立即行动，每天早上要做的第一件事情，就是对你来说最重要的那件事情，并使之成为一种习惯。这样时间久了，自然就能克服拖沓的毛病。通过大量的研究表明，那些成功人士身上最显著的共性是"说做就做"。一旦他们有了明确的目标，就会立即展开行动，一心一意、持之以恒地完成这项工作，直到完成目标为止。

在《致加西亚的信》中，阿尔伯特·哈伯德讲述了罗文送信的情节："美国总统将一封写给加西亚的信交给了罗文，罗文接过信以后，并没有问：'他在哪里？'而是立即出发。"拖沓、懒散的生活态度，对许多人来说已经是一种常态，要想成为罗文这样的人，我们就应该拒绝拖沓。

1. 做完事情再玩

假如你觉得自己很有工作能力，可以在很短的时间内将比较困难的事情做完。那就应该在接到工作任务时马上动手去做，这样你完成事情之后就可以玩得更开心，而不是在玩时总想着工作的事情。

2. 给自己定期限

假如你认为时间的紧迫感可以令自己发挥超常水平，那也需要给自己制定一个期限。假如你曾经有过几次临时抱佛脚的经历，却屡遭失败，那最好还是不要尝试这种方法。

3. 学会时间管理

如果平时你经常被琐事烦恼，那就应该学会时间管理，最简单的方法就是要明确自己的目标，经常想想这件事不做对自己以后有什么影响。当你学会时间管理之后，往往能够及时地完成事情。

通常来说，一个人成就的大小取决于他做事情的习惯，克服拖沓是做事情的一个重要技巧。我们要想完成既定目标、取得成功，就应该培养做事不拖沓的习惯，通过逐渐学习"吃掉那只青蛙"，并不断地重复。一旦养成了这个习惯，"完成目标，马上行动"就会成为一件自然而然的事情。

你的一周时间计划表是怎么做的

上天是很公平的，给每人每天只有24个小时，不过，同样是24个小时，不同的人会有不同的效率。例如，有的人善于合理安排自己的时间，工作、生活、休息有条不紊，做事效率也高；而有的人却相反，不会合理安排时间，整天忙作一团，做事毫无效率可言。当我们需要合理安排时间的时候，不妨以一周作为期限，在制订时间计划表的时候，需要清楚一周内所需要做的事情，所要达到的目标，然后制作一张日作息时间表，在表上填那些必须花的时间，如吃饭、睡觉、工作、娱乐等。安排完这些时间之后，选定合适的、固定的时间用于工作，一定要留出足够的时间来完成领导布置的工作任务。

张雪是一名在校大学生，为了更好地学习，她决定做一个学习计划。在她看来，不论做什么事情，都需要做好计划以及周密的规划。如果需要有效地学习，就需要做一个行之有效的学习计划，这个计划就好像战略一样，指引着自己的行动。

尽管在这之前，张雪并没有做过学习计划。但是通过一个阶段的学习，张雪觉得应该合理安排自己的时间，毕竟对她而言学习是很重要的任务。只有做好了学习计划，学习生活才会更充实。

于是，张雪做了这样的一周学习计划：

周一：8—12点，上课认真听老师讲课，尽可能做好笔记，利于课下复习；14—17点，做现代汉语作业；19—21点，上晚自习，复习白天学习的课程，预习明天的课程；22—23点，阅读2页名著。

周二：8—12点，上课认真听老师讲课，尽可能做好笔记，利于课下复习；14—17点，做古代汉语作业；19—21点，上晚自习，复习白天学习的课程，预习明天的课程；22—23点，阅读2页名著。

周三：8—12点，上课认真听老师讲课，尽可能做好笔记，利于课下复习；14—17点，研读《现代美学》；19—21点，上晚自习，复习白天学习的课程，预习明天的课程；22—23点，阅读2页名著。

周四：8—12点，上课认真听老师讲课，尽可能做好笔记，利于课下复习；14—17点，研读《逻辑学》；19—21点，上晚自习，复习白天学习的课程，预习明天的课程；22—23点，阅读2页名著。

周五：8—12点，上课认真听老师讲课，尽可能做好笔记，利于课下复习；14—17点，研读《现代汉语》；19—21点，上晚自习，复习白天学习的课程，预习明天的课程；22—23点，阅读2页名著。

以上是周一至周五的时间安排，也是一个初步的分配，其余的零散时间作为一种机动时间，视情况而定。至于周六、周日，采取劳逸结合的方式：周六外出游玩，19—21点复习；周日看电影、学习、待在寝室。

看一份计划好不好，关键在于执行。因此，张雪决定要好好地去执行自己所做的计划，每天检查自己是否完成了。

　　有的人把工作当成享受，他们觉得双休日可以完全由自己支配，一天的工作效率是平时的两倍，这样一来，每年的工作时间便延长到469天。而那些不善于利用时间人呢，周末懒惰了下来，周一还得重新鼓动，一年的工作时间还不到261天。

　　在制订一周时间计划表之前，我们需要统计非工作的活动以及这些活动所占用时间的总量，千万不要去占用这些时间来工作，如吃饭、睡觉等时间，家务及其他活动时间，周六、周日晚上，用来社交或娱乐活动的时间。对于这些时间，我们需要做到心中有个大概，而且不安排自己在这些时间做事。记住，这个步骤很重要，之所以不要把这些时间用来工作，也是为了更有效率地做事。否则，工作之外的诱惑力肯定会占上风，当你不得不强迫自己把这些非工作时间用来工作，那效率也不会很高，就等于做了无用功。

　　一周时间计划表可用于工作的时间及其分配，把计算出的工作时间量分配到一周的每一天中去，并做出每周工作时间表。坚持做时间记录，利用数据观察时间，可以让人更容易感受到时间的流逝，更善于客观地安排时间计划，因此也更容易提升自我。

　　不过，我们还需要注意这几个问题。

　　1.确定最佳时间段

　　确定一天之内哪段时间你的感觉最好、大脑最敏捷，那就将这段时间用在工作上。因为生理条件和生活环境、习惯的不同，人们的生活节奏往往也是不相同的。有的人工作的最佳时间是在上午，有的人是在下午，还有的人感觉晚上做事效率最高。因此，在了解自己的最佳时间段之后，将最重要的事情放在最佳时间去做，就会取得高效率的回报。

2. 休息时思考

在下班之后，我们努力做到在休息时思考。这段时间十分特殊，我们的思路依然围绕在工作上，工作的内容还很清晰，方案和例子也都记得比较清楚。这可以说是做事效率最佳的黄金时间，这时技巧很容易记住且易于应用，我们的理解力和记忆力也可以得到加强。当然，最重要的是检查。你可以制作一张自我监督表，并把这张表贴在墙上或夹在笔记本里，至少保存3个星期。

3. 避免连续工作两个小时

在工作过程中，我们要避免连续工作超过两个小时而不中断，应该安排半小时的休息时间。研究表明，人们采用工作—休息—工作的方式，比工作—工作—工作的方式效率更高。做事也是一样的道理，一直不停地工作不一定可以达到预期的效果，中途适当休息一下才是最好的工作方式。所以，在连续工作超过两个小时之后，我们可以从座位上站起来，伸伸懒腰，捶捶腿，吃点东西，或者向远处看看，转移一下自己的注意力，同时也让我们的眼睛得到休息。

精确记录一周的时间表，看一周的时间分配情况。把每一天从早到晚每个时段所做的事都记在笔记本上，具体到分钟，这样的记录会让时间的利用率大大提高，当你每天看这些记录，就会有一种充实感和成就感。

第6章
远离惰性环境：让拖延无处着力

　　心理学家认为，人是最容易被影响的生物，而对于那些有拖延行为的人，常常更容易受到外界环境的影响，思绪也更容易被打扰，对于这类人而言，要克服拖延症，第一步是远离容易让自己产生拖延行为的惰性环境，以此训练自己的专注力，进而让拖延无处着力。

你每天花多少时间在手机上

信息时代，智能手机已经进入生活的方方面面，除了可以打发每个人的碎片时间，其他诸如购物、社交，甚至工作都可能需要用到手机。那么，人们每天使用手机的时间越来越多，你每天花多少时间在手机上呢？

特恩斯市场研究公司（TNS）是一家全球性的市场研究与资讯集团，它们最近的一项研究显示，在全球16~30岁的用户每天使用手机的时间，平均为3.2小时，而中国手机用户的平均使用时间为3.9小时，仅次于泰国的4.2小时，位列全球第二。换而言之，大部分中国人在24小时中，除去睡觉的8小时和吃饭的2小时，剩下的14小时里，除工作没有空玩手机，剩下的时间有接近4小时在使用手机，几乎占到所有剩余时间的一半。

那么，人们每天用手机都在干什么呢？根据调查结果显示，使用社交网络和观看视频分别以46%和42%的比例占据使用频率的前两位，而在线购物以12%的比例位列第三。刷刷朋友圈，看看微博，逛逛淘宝、京东等，这些基本上是手机使用频率最高的行为。

13岁的小松刚上初中，为了他更好地学习，父母为其添置了电脑，主要用于查资料。平时小松只是在学习之余才上上网，大部分时间都用于学习。

不过，近一段时间，小松用电脑的频率比较多，经常是晚上就躲进家里的书房，一个人玩电脑。刚开始，父母还以为小松只是用电脑在学习，也没多注意。

后来有一次，父亲无意间经过书房，打算看一下小松的学习情况。推开房门才发现小松根本没有在学习，而是在玩游戏。父亲当即十分生气地说："小小年纪不学好，玩什么游戏，这会让你成绩直线下降的。"小松很无辜地看着父亲，说："可是班里的同学都在玩王者荣耀，他们天天谈论的都是游戏里的角色，我发现自己根本插不上嘴，我也是受他们影响，而且好多同学都会直接带手机去学校里玩，我只是晚上玩一会儿。"父亲当即打电话给老师了解情况，才知道不仅初中生，连小学生都陷入这款游戏的诱惑之中，面对这样的环境，父亲表示很无奈。

其实，把花在手机上的时间拿出来关注自己，你会得到更多，努力工作你会得到报酬，生活中多点时间关心身边的亲人，让生活更温暖，而不是拿着冷冰冰的手机在朋友圈关心关注那些你压根就不熟的人，亲人在身边却不闻不问，让亲情渐渐冷却。

你是否有计算过自己每天花了多少时间来刷朋友圈？当现代

社会的电子产品更新越来越快，社交网络越来越发达，越来越多的人成为低头族，吃饭时刷手机，走路也刷手机，上厕所时手机似乎比手纸更重要。那么，你花在手机上的时间有多少呢？一小时？两三个小时？三五个小时？还是5个小时以上？

有人甚至说，手机是现代人离不开的唯一东西。每天起床都会随手打开手机，点开微信朋友圈去看动态，一条一条往下翻，看到朋友的动态会随手点个赞，看到有意思的内容再评论一下。刷着手机，可能半个小时很快就过去了。因为总是玩手机，给人们造成一种错觉：玩手机时间很快就过去了，而上班时总感觉时间好难熬。

大部分人玩手机上瘾、刷朋友圈上瘾，每天有空时就去刷下朋友圈，甚至工作一会儿就喜欢去点开看一下。其实很多时候别人都没有更新动态，刷了几次还是那几条。但是手就像着魔了一样，总是想去点开看看。

手机的高频率使用，催生一大批手游。平日里喜欢在电脑上玩游戏的人，开始将注意力集中在手机上，毕竟比起电脑而言，手机更便于携带、更好操作。于是，人们花了更多的时间利用手机玩游戏。

曾有脑科学方面的专家对此进行研究后表示，每天长时间刷朋友圈会严重分散人的注意力。研究显示，脑的前额叶处理问题的习惯倾向于每次只处理一个任务。多任务切换，只会消耗更多脑力，增加认知负荷。因此，有科学家相信，这种"浅尝辄止"的方式，会使大脑在参与信息处理的过程中变得更加"肤浅"。美国学者甚至以"最愚蠢的一代"来讽刺信息时代的低头族们。

1.多交朋友，丰富生活

在闲暇的时候，多进行瑜伽、打篮球、跑步等活动，让生活充实，同时也可以放松身心。不让自己的生活太无聊，当一个人无聊的时候，就会不断地用手机来填补空虚，好像手机是自己获取外界信息的唯一通道一样。

2.减少看手机、用手机的次数

下意识强制自己每几个小时才去查看一次手机。如果必须随身携带手机的话，就把手机放在包里，并强制自己不要频繁打开包查看手机。手机的长时间使用会形成一种习惯，对于习惯，是需要强制性改变才能达到效果。

3.彼此提醒少用手机

其实很多人使用手机的时间那么长，也只是打开微信、打开微博、打开百度，这样一个一个看下去，漫无目的地，最终时间过去了，也不知道自己看了些什么。在生活、工作中，彼此协商好，让对方监督并提醒你。例如，在使用手机很长时间后提醒下，在一些场所提醒彼此不要使用手机等。

4.删除不常用的程序

现在打开手机一看，有的人装了很多应用，有购物、旅行、理财、游戏、社交软件等。手机上装的应用太多，会影响手机的运行速度，而商家推送信息则会干扰我们的注意力。可以删除手机上一些不常用的应用，这样既可以腾出内存空间，还能够减少干扰，何乐而不为呢？

5. 别把手机放在床头

很多人，早上睁开眼睛的第一件事情，就是看一下手机，看一下朋友圈有没有更新等。每天晚上睡觉之前，也要看手机，这样不仅伤眼，还会影响睡眠质量。而且睡觉时，将手机放在旁边，手机有辐射，而人们在睡觉的时候对外界的防御能力是很差的。

6. 找其他东西代替手机

不要一遇到问题，就想到手机，也许会有其他更好的方法，可以减少对手机的依赖。例如在上班路上可以选择看书来代替玩手机；拍照的时候，可以用数码相机代替手机。

7. 坚持每天写日记

记录每天使用手机的时间和目的，这样可以让自己真正了解自己整天拿着手机是在做什么。也可以写一些你认为有意义的事情，让自己多发现身边的人和物，不仅可以戒掉手机瘾，还可以拓宽自己的视野，同时可以锻炼自己的语言组织能力和表达能力。

智能手机的出现确实让人们的生活变得更加便利和丰富多彩，让人与人之间的沟通也变得更便捷，但也让人与人之间面对面的交流变得越来越少，人们可能更愿意用发微信的方式来和朋友交流。凡事过犹不及，可别让手机占据了你全部的时间。

懂得拒绝，别让分外事影响自己

在职场生活中，有时候身不由己，经常会遇到同事请求自己帮忙做一些事情。假如自己从来都比较热情，或者不好意思拒绝同事，那么时间久了，同事所提的请求将越来越不合理，自己则可能会陷入越帮越忙的难堪处境。通常情况下，对同事的不合理请求来者不拒，即便是牺牲自己的工作也在所不惜的人，内心都是比较脆弱的老好人，他们在拒绝别人方面存在心理障碍。不好意思拒绝，是因为他们担心伤害别人的面子，只能自己硬着头皮上。

露露曾经在一家文化传媒公司做文员，平时自己的工作就比较繁杂，她还经常帮同事做事。每当同事提出需要帮忙，露露总是来者不拒，即便要放下自己手头的工作，她也会先帮别人把事情做好。尽管她自己累点，但也赢得了同事的喜爱。

后来，行政部准备提拔一位经理，在公司工作多年的露露觉得自己应该很有机会，毕竟过去自己经常帮助同事，在公司真的是"鞠躬尽瘁，死而后已"，如果自己不能如愿提拔，那真是对自己不公平。没想到，最后是一位平时只做自己工作但从来不愿意帮别人的同事晋升了。露露百思不得其解，她跑去问人事部主任，主任当即说："管理层在讨论晋升人选的时候，确实考虑过你，不过，大家都说你虽然很喜欢帮同事，自己的分内工作却没有做得十分出彩，没有让大家看到你在工作技能和管理能力上的提升，同时也担心你这样不懂得拒绝别人的请求，喜欢做老好人，可能在管理岗位上疲于应付，不能坚持自己的原则，所以……"

这件事之后，露露得到了教训，她终于明白了：职场如战场，是需要拿出自己的真本事，拿出自己的工作业绩。只有努力开拓出属于自己的一片职业新天地，用心耕耘，创新精神，才能得到领导的认可。如果自己仅仅是作为一个老好人，是完全没办法体现自己价值的。

许多职场中人都有跟露露一样的经历，越帮越忙不说，还越帮越不开心。同事的事情倒是解决了，但却耽误了自己的工作。甚至有时候给同事做了半天的事情，末了还讨不了个好，连句"谢谢"都不曾听到，好像自己帮他们做事情是应该的，要帮就必须帮好，否则自己就不够义气。所谓的老好人，内心的苦闷又该向谁诉说呢？

快下班的小王接到同事小张的电话，他很着急地请求小王帮他一下，写个新方案给客户，他说客户已经催了他好几次了，而他确实没时间，因为小张最近谈恋爱的关系，小王常常帮小张写方案。

最近步入爱河的小张是小王在公司里关系比较好的同事之一，以前他们经常会在下班后一起打球、吃饭。本来小王挺欣赏小张的洒脱和率真，所以在一个月前当小张一脸兴奋地说自己谈恋爱的时候，小王几乎是毫不犹豫地答应帮他做方案，以此给小张更多的时间去谈恋爱。

但是一个月下来，小王发现自己越来越不快乐，他发现自己不愿意总是替小张做事。但是，应该怎么拒绝呢？小王觉得拒绝的话很难说出口，作为好朋友是应该互相帮助，如果自己开口说拒绝，会不会失去这个朋友呢？

在案例中，当小王愿意帮助小张的时候，他可以去帮助他，假如小王内心不愿意再帮助小张的时候，他就可以用这样一个简单的方法来拒绝他：先了解清楚情况，理解对方，再告诉他自己的想法，同样也需要对方的理解和帮助。在拒绝同事的时候，表达友好和善意是我们拒绝时最重要的原则，它可以帮助我们建立更适宜和和谐的人际关系，在这样的前提下，我们可以使用其他的方法，或者找一些小借口，就可以很好地拒绝同事。

办公室里的同事，需要相互帮忙的时候比较多，当然，在我们力所能及的情况下，帮助同事是很有必要的，毕竟这样做可以给我们带来很多的好处，如建立和谐的人际关系以及高效地工作。不过，在职场工作中，也会有同事会提出一些不合理的要求，这时我们应该怎么办呢？我们经常担心或者不愿意拒绝别人的要求，因为我们担心失去与他们良好的关系，所以在面对同事的不合理要求时，我们会感到十分为难。

当我们没有学会有技巧地拒绝别人的时候，尽管表面上我们是答应了对方的要求，但实际上，在我们内心深处会积压许多怨气，这会让我们感到痛苦，并且反过来有一天会影响我们与其他人的交往。所以，拒绝同事，学会积极的沟通技巧，学会合理地表达自己的感受，这对我们是非常重要的。

1. 做好心理建设

每个人都必须知道自己拥有拒绝别人的权利，然后找一个可以轻松说话的地方，并且考虑好说话的时机。之后考虑清楚要拒绝对方要求中的哪个部分，而且预先准备好可以明确传达出"这个事情我没办法帮你，但假如改成……我就可以帮上忙"的讯息。

2. 在"行"与"不行"之间找出路

遇上同事请求协助的时候，自觉只能接受或拒绝，没有转圜余地，也是导致人们无法拒绝的原因之一。其实，只要把拒绝别人的请求当成是在跟对方交涉，就比较能够打破心理障碍，没有那么难开口。

假设完全接受对方的请求是100%，彻底拒绝是0%，那么不妨试着向对方提出90%、70%或50%的方案。你可以从请求的"内容""期限"和"数量"做评估，比如说，90%接受是"期限延

长3天的话就办得到"；70%接受是"无法担任项目经理，但是参
与项目没问题"。

3. 拒绝前先感谢

拒绝的说法也有一套固定模式可循：先以感谢的口吻，谢谢
对方提出邀请；然后以缓冲句"不好意思""遗憾"接续，让对
方有被拒绝的心理准备；接下来说出理由，并加上明确的拒绝：
"因为那天临时有事，所以没办法出席。"

4. 拒绝后表达歉意

如果婉拒的是比较无关紧要的邀约（如应酬），只要说今
天不方便就好；但如果是要拒绝额外的工作，就必须说出今晚无
法加班的具体理由。最后不忘加上道歉，以及希望保持关系的结
尾："真的很抱歉，若是下次还有机会，我会很乐意参加。"

5. 电话拒绝要格外温和

电话沟通看不到说话者的表情和动作，有时就算说法客气，
对方还是会觉得你的态度强硬，所以讲电话的时候要增加缓冲
句，尽可能体贴对方的心情。E-mail则是连声音的抑扬顿挫都没
有，容易给人公事公办的感觉，所以要增加感性的词汇。

6. 正面朝向对方，放松眉头

通常，我们说话的姿势、表情、音调也会给人不同的感觉。
拒绝时要尽量正面朝向对方，侧身容易给人警戒心强的感觉。蹙
眉也会给人负面的印象，尽量有意识地纾缓眉头，以接近微笑的

温和表情讲话最适当。

许多人觉得自己无原则地帮助别人是可以体现自己的价值的。但是，他们往往忽视了，自己的时间和精力都是有限的，在职场中，只有尽全力将自己的分内工作做好，才能够真正体现自我价值。

别把过多注意力放在娱乐八卦上

你每天花了多少时间浏览明星的微博和贴吧？花了多少时间与朋友谈论明星八卦？关注八卦真的费时费力。很多时候，快乐与幸福来源于自己。叔本华在《人生的智慧》中道出了自己对人生的见解：无论世界怎样变化，无论周围的人怎样对待自己，快乐与幸福永远都是来源于自己。或许，我们可以说，只有来源于自己的快乐才是最纯粹的。许多人总是将快乐寄托在别人的身上，看到别人笑才会开心，听到别人的赞美和感谢就会高兴。但是，随着时间匆匆而过，留下的不过是回忆。而那些记忆中尚存的点滴，只是零星的、杂碎的，它们在我们的人生里是多余的、毫无意义的。

现代社会，经济迅速发展，生活节奏也是越来越快。在如此紧张的生活节奏中，人们发现自己越来越难以捕捉到生活中的快乐与幸福。于是，许多人开始关注别人的生活，如活跃在大屏幕上的明星，深陷娱乐世界的八卦新闻。今天，某某女明星陷入离婚危机；明天，某某男明星吸毒入狱。那些娱乐世界的八卦新闻似乎比电影情节更吸引人，同时，也给人们茶余饭后带来了更多的谈资。

豆豆已经25岁了，她在一家外企公司工作，每天过着朝九晚五的生活。按理说，这个年龄的女生已经过了追星的年龄，可是，熟悉豆豆的人都知道她每天最大的兴趣就是八卦明星的生活琐事。

每天，豆豆很早就到了公司，打开电脑，点击"娱乐新闻"，这已经成为她生活的一部分。细细浏览那些娱乐世界的八卦新闻，豆豆一会儿笑，一会儿气得摔鼠标，一会儿又捂着嘴巴偷笑不止。紧接着，她嘴里就会冒出一大堆话来："哎，谢霆锋和张柏芝离婚了，当初我多么看好他们啊，金童玉女啊，我再也不相信爱情了""话说，华仔有了一对双胞胎女儿，真的还是假的啊"……

同事就纳闷了："豆豆，你每天最开心的事情就是八卦娱乐世界啊，有那么开心吗？"这时，豆豆就会摆出一副很无奈的表情："我也是没办法，工作压力太大，每天找不到更多的不费脑子而又让我开心的事情了，我这是自娱自乐。时间长了，我也就习惯了，每天不看娱乐新闻就会觉得少了点什么。"

　　难道我们对开心的奢求到了将它们寄托在娱乐世界的八卦新闻的地步吗？其实，真正的快乐与幸福来源于自己。源于自身的快乐，是持久的，因为你快乐了，与此相应，你的心态就好了。但是，如果你将这种快乐寄托在别的东西上，那么，就会产生被动的感觉，自己无法左右，还自欺欺人地说自己很快乐。

　　这是一篇由已经年逾50的周先生所写的日记：

　　不知道哪位名人说过：幸福不是得到的多，而是索取的少。一个人容易满足，幸福快乐就会常相伴！

　　前些天，元旦节，女儿女婿来看我，一家人享受天伦之乐。在这短短三天中，我陪着他们逛街，我为他们花钱，看着他们吃喝玩乐。在拥挤的地铁，他们给我让座；在熙攘的大街，他们小心地扶着我。我感到很快乐，这是我自己内心深处的快乐。

　　今天清晨，我听着音乐来公司上班，看到环卫工人、出租车司机的辛苦，我感到自己比他们幸福；看着晨练的人，看着他们脸上洋溢着的笑容，我觉得自己能够自由地呼吸该是一件多么值得庆幸的事情。

　　周先生虽然已经年逾五十，但是，他的快乐却是十分简单。原来，远离了那些娱乐世界的八卦新闻，我们一样能获得快乐，而且，源于自身的快乐将会让我们感到更幸福。真正的快乐与幸福来源于自己，意味着我们不能寄快乐与幸福于发泄与玩乐之上。

1. 别把一瞬间的兴奋当成幸福

八卦着娱乐世界的是是非非，他们感到很兴奋，因为他们所谈论的对象是高高在上的明星，但却无一例外地发生了一些普通人的故事。于是，越来越多的人陷入八卦的娱乐世界中，他们错把那一瞬间的兴奋当成了幸福。

2. 做对自己有意义的事情

一个人自身的快乐，就是找到自己真正喜欢的事情、真正想做的事情，不为现实地投入全部的热情，只是单纯的兴趣与喜欢。

3. 八卦的娱乐新闻不会带来真正幸福

真正的快乐是生命本性的自然流露，从某种程度上说，只有不在乎外在的虚荣，快乐幸福才会润泽你的心灵。

真正快乐的力量来自心灵，而不是八卦的娱乐世界。拥有快乐的心情才会感觉到活着是美好的、内心是喜悦的，还有一份抑制不住的真诚微笑，那是一种美妙的内心感受。

如果不被打扰，你可以做更多事

你每天有多少时间被打扰了？日本专业的统计数据指出："人们通常每8分钟会受到一次打扰，每小时大约7次，或者说每天50~60次。平均每次被打扰的时间大约是5分钟，总共每天大约是4小时，也就是约50%的工作时间（按每日工作8小时计），其中80%（约3小时）的打扰是没有意义或者极少价值的。同时人被打扰后重拾起原来的思路平均需要3分钟，总共每天大约就是2.5小时。根据以上的统计数据，可以发现，每天因打扰而产生的时间损失约为5.5小时，按8小时工作制算，这占了工作时间的68.7%。"

时间都去哪儿了？可以说："打扰是第一时间大盗。"如果需要做一个时间管理者，每天至少需要有半小时至一小时的"不被干扰"时间。如果你可以有一个小时完全不受任何人干扰，把自己关在自己的空间里面思考或者工作，这一个小时就能够抵过你在单位一天时间的工作量，甚至有时这一小时比工作3天的效率还要高。

25岁的王小姐当文员已经6年，进这家公司也有3年了，半年前来到现在所在的销售部。这个部门一共有20多名工作人员，男女人数相当，销售员全是男性，行政人员是清一色的女性。

王小姐平时上白班，每天工作8小时，一周工作5天。由于有早晚班之分，她通常都是中午12点或傍晚6点两个时间点下班。王小姐的爱好比较广泛，唱歌、看电影、插花。而下班后，她习惯回家吃饭、看书、上网、陪家人，也偶尔跟同事吃饭、唱歌。

与王小姐同公司的同事则喜欢下班后聚在一起打麻将，一般都有固定的几个牌友。"3个月前的一天，她们三缺一，我看实在找不到人，就跟她们打了一次。"王小姐说，她其实比较讨厌打牌，也不怎么会打，"没想到有了第一次，她们每次打牌都要喊我。"

渐渐地，一遇到下班同事约她打牌，王小姐心里就五味杂陈，本来就不太会拒绝人的她也曾说过"不想去"，但在同事的软磨硬泡下，每次到最后都被迫陪打。同事们"游说"的那些话，王小姐随口就能背出几句，"哎呀，就是几个同事耍一会儿，不会有很大的输赢，就当是混时间""去嘛，你看我们三缺一，心里好受啊"……

于是，3个月下来，王小姐每个月要被迫陪同事打三四次麻将。本来就不太会打牌的她"很受伤"——基本上每次打牌都会输掉100元以上。9月还没完，就已经打了3次，输了600多元了！前天，同事又与她约好了下一场牌局，对此，王小姐表示很无奈。

对王小姐而言，下班被迫打麻将给她带来的困扰远不止输钱那么简单。王小姐说："本来这个月，我要参加一个公司举办的征文比赛，就是因为她们老是约我打牌，最后我错过了交稿时间。"平时下班后就去打麻将，回到家都过了深夜12点，洗漱完就凌晨1点多了，想到第二天还要去上班，根本就找不到写文章的状态。

尽管是被迫打牌，王小姐也怕自己上瘾，因此心理压力一直比较大，她说："每次打牌的那段时间，每天晚上睡觉都梦见自己打牌，弄得自己的精神状态很差。"

案例中王小姐，不仅自己的休息时间被打扰了，还严重影响了生活和工作。对她而言，首先要学会自我调适、自我放松，通过各种方法宣泄自己压抑的精神情绪；其次制订与自己能力成比例、一致的目标，明确生活与工作的界限；再次要妥善处理人际关系，正确认识周围朋友，分清工作上的朋友、生活中的朋友；最后要尊重自己的兴趣爱好，提高抗干扰能力，安排不被打扰的时间。

生活中总有这样的情况：有一件事一直想去做，不过过了很久才想起来，到现在还没做。每天各种事情已经占据了人们的时间。那么，这时候请尝试一下给自己安排一段不被打扰的时间吧。每天给自己设置一个固定时间段，在这个时间段里，只去处理你最想去做的那件事情，关掉手机、QQ、微博。

1. 找到躲避的地方

许多办公室是靠一些隔断划分出每个人的工作区域，这样的设计方法可以保持员工之间的距离，又不影响沟通，不过依旧需要安排不被打扰的时间。如果在某项工作遭遇挫折，不妨找一个僻静的地方，往往会有意想不到的收获，如楼道、楼顶、空的办公室等，独自思考，很少有人会打扰到自己。

2. 断掉通信

当你的注意力完全集中在当前的工作时，只有很少的几件事可以干扰自己，那就是手机来电、日程提醒、有人找你。假如你打算在工作时给自己一个安静的时间段去认真地规划手头上的工作，那不妨把手机调成静音，在特定的时间统一回电；关闭社交客户端，每天固定几个小时去接收或回复；挑选一个有人打扰概率最低的时间段。

3. 偶尔听一听轻音乐

可以尝试听听轻音乐，当你在写程序、编辑视频、制作动画或者做其他工作的时候，可以戴上耳塞，放一段轻音乐，将自己和其他人隔离开来。

投入工作和被打扰是此消彼长的，假如你足够投入工作的话，周围的环境是很难打扰你的，这时你只需要将手机关掉就可进入不被打扰的境界。假如你本身对工作表示厌烦，心情非常焦躁，那就算一根针掉在地上，也会干扰你的注意力。

做到"充耳不闻"，训练专注能力

人生在世，要想有一番成就，就必须学习，学习是获取知识和能力的唯一途径，这是毋庸置疑的。然而，学习必须专注，古人云："两耳不闻窗外事，一心只读圣贤书"，这就是一种专注。我们发现，那些攀岩成功的人都有个共同特征，那就是他们不会三心二意，也不会向下看，他们会一直努力地攀登，尽管脚下是万丈悬崖，他们也不会害怕。同样，我们也应该从中获得启示，在学习时，我们都要尽量做到"充耳不闻"，才能训练自己的专注能力，才能一步一步地进行自己的学习计划。

事实上，学习又何尝不是如此呢？学习最要不得的就是三心二意。戴尔·卡耐基曾经根据很多年轻人失败的经验得出一个结论："一些年轻人失败的一个根本原因，就是精力分散，做不到专注。"托马斯·爱迪生曾说过："成功中天分所占的比例不过只有1%，剩下的99%都是勤奋和汗水。"这句话告诉我们，学习需要专注，不腻烦、不焦躁、一门心思学习才能取得好的效果。

成功者之所以成功，就是因为他们懂得学习要专注的道理，在专注的过程中，他们经过了沮丧和危险的磨炼，造就了他们天才的大脑。在不断取得学习成果的过程中，他们产生了活力和不屈不挠的奋斗意志。因此，意志力可以定义为一个人性格特征中的核心力量，概而言之，意志力就是人本身。它是人行动的驱动器，是人的各种努力的灵魂。学习过程中，我们也要运用意志力的力量，自控才能获得自主学习的能力，做到这一点，你也能获得卓越的才能。

如果你妄图在学习的时候还能玩好，那么，你的学习效果只能事倍功半。我们会发现，生活中，一些人在学习时就是缺乏一定的自控力，他们做不到专心致志、全力以赴，而是心不在焉，他们常慨叹自己学习效率低，其实，是他们忽视了这一原因。

在学习中，我们需要这样训练自己的专注能力。

1. 为自己树立一个学习榜样

例如，爱迪生就是一个做事专注的代表。

他曾经长时间专注于一项发明。对此，一位记者不解地问："爱迪生先生，到目前为止，你已经失败了一万次了，您是怎么想的？"

爱迪生回答说："年轻人，我不得不更正一下你的观点，我并不是失败了一万次，而是发现了一万种行不通的方法。"

在发明电灯时，他也尝试了一万四千种方法，尽管这些方法一直行不通，但他没有放弃，而是一直做下去，直到发现了一种可行的方法为止。他证实了大射手与小射手之间的唯一差别：大射手只是一位继续射击的小射手。

2. 学习时不要做其他的事

我们发现，生活中，一些人无论是不是在学习，都把电视开着，或者边玩游戏边学习。试想，这样怎么能聚精会神呢？这样自然不能集中精力去学习，久而久之，便养成了一心二用的坏习惯。

为此，你必须改掉这一坏习惯，学习时就认真学习，玩乐时就痛快玩，经过一段时间，你会发现，自己无论做什么事，都专注多了，而最重要的是，效率也提高了很多。

我们每个人都需要记住，专注是一种良好的助人成功的品质，学习更是如此，从现在开始培养自己的这种品质，你也会收获成功。

第 7 章
完成比完美更有意义：千万别过分追求完美

心理学家称，一些人之所以拖延，并不是因为他们缺乏热情，也不是因为他们能力不足，而是某种形式上的完美主义倾向或者求全心理让他们迟迟不愿动手，导致了他们最后的拖延。做事认真、仔细固然是好事，但是过于苛求，则明显会降低做事效率，甚至让你成为拖延症一族。为此，请记住：不要等到什么事都完美以后才去做，如果你一定要等到万事俱备的时候才动手，那么，你只能永远拖延下去。还有一点，生活和工作中对待他人与自己都宽容些，你不必追求绝对的完美，因为绝对的完美根本不存在。

一味地追求完美，最后得到的反而是不美

在我们的周围，有这样一些人，他们工作认真、能力突出、勤勤恳恳，一些甚至能力不如他们的人的成绩都已经十分显著了，但他们却总是无法成功，究其原因是什么呢？在排除其他因素的情况下，他们很可能是陷入了完美主义的泥沼。

不知你是否有这样的感受：在当你着手准备做某件事前，总感觉计划不周密，于是，为了完善你的计划，你迟迟未动手；在接收了上司的某件任务时，你发现上司的方案有不满意的地方，为此，你花费了大量的时间去求证，最终也延误了上交任务的时间；购物的时候，你对那些打折或促销的产品不屑一顾，认为它们必定有瑕疵；对于工作中那些看起来十分随便的人，你嗤之以鼻，认为这是不负责任的表现。

如果你也有这样的表现，那么，很有可能你也是一位完美主义者。对于完美主义者而言，他们着眼于细枝末节的事，认为要做好一件事，必须考虑到每一个因素，然而，这个世界上本就不存在绝对的完美。完美也只是乌托邦式美好的愿望而已。现实生活中，我们在做一件事时，完成远比完美更靠谱。举个简单的

例子，领导交代给我们某个工作，他们要看到的只是工作成果而已，他们要的并不是完美无瑕的艺术品，如果我们一味地考虑其中可能出现的漏洞而不去行动的话，那么，在领导眼里是看不到你的努力的。并且，绝对完美的事是不存在的。任何一个高效率的工作者，也会秉持"八分原则"，也就是允许二分的瑕疵存在。

如果我们细心地观察也会发现，我们周围那些忙碌、不拖延的人，也多半是机动灵活的，他们总是能以八分就可以的态度完成十分艰难的工作。而完美主义者，因为总是将精力放到过多的细小问题上，要么他们拖延不动手，要么放缓了行动的速度。要知道，我们若想在这个高压的现代社会更快乐、轻松地生活，还是应该摒弃完美主义。

可见，凡事都有个度，追求完美到了一定的地步就变成了吹毛求疵。如果不达到想象中的彻底完美誓不罢休，那就是和自己在较劲，长此以往，不但会让我们养成拖延的坏习惯，还会让我们的心里有解不开的疙瘩，我们自己也会渐渐承受不了这种越来越沉重的负担。

完美主义者不仅对待工作吹毛求疵，对待生活也是如此。他们不但苛求自己，还苛求他人，无论是工作还是生活中的烦恼，都是因为过分追求完美而产生的。如果我们苛求自己或别人把每一件事都做得完美无缺，那么我们将会失去很多东西。这个世上本来就没有完美的东西，如果一味地追求完美，最后得到的反而是不美。

　　总之，人生是没有完美可言的，完美只在理想中存在，我们的工作和生活中总是有令人不满意的地方。事实上，追求完美的人是盲目的。完美是什么？是完全的美好。这可能吗？凡事无绝对，哪里来的完全？更不要提完美了。既然没有完美，那又为什么要去寻找它呢？

尽力就好，无须苛求完美

　　生活中，相信很多人都被告诫过，做人做事都要认真、努力，这会使你更加完美，会不断地进步。我们鼓励认真的态度，是为了让自己的人生变得幸福和充实，然而，生活中却有一些人，他们对自己太过苛刻，无论做什么事，都要求自己做到百分之百，不允许犯一点小错，不允许生活有一点瑕疵，结果常常因为对自己太过苛求而弄得身心疲惫不堪。其实，有缺憾的人生才是真实的人生，我们固然要有追求完美的态度，但凡事努力就好，无须尽善尽美。

　　在我们工作或生活的周围，有这样一些人，他们对自己定位过高，在他们看来，没将事情做得完美，还不如不做，他们从不允许自己失败，一旦自己某次工作没做到位，他们便茶不思饭不想、神情恍惚，其实这都是苛求自己的表现。他们通常比那些执行力强的人少了些灵活性，一旦他们被坏情绪缠绕，便失去了工作动力，做事也就变得拖拉。

琳达是一家贸易公司的主管，已经35岁的她每天忙得焦头烂额，就如她说的："连恋爱和结婚的时间都没有。"她所在的公司虽然不大，但每天需要处理的事情很多，最要命的是琳达是一个什么事情都要管的人，大到公司的业务订单，小到快递的电话都要接，然而，即便如此，她还总是觉得自己做得不到位。

一次，公司的一名国外客户前来商讨业务事宜，琳达原本让小王去应酬，但想想还是自己亲自去，谁知琳达完全不会喝酒，经不住客户的几句劝酒就喝醉了，然后说了些抱怨工作累、薪水低的话。

第二天清醒后，她懊恼不已，认为这样不仅有损于公司的形象，也可能会传到经理的耳朵里，因为当时小王也在场。为这事，她接连几天茶不思饭不想、一天到晚迷迷糊糊，工作状态很糟糕。

这天下班，琳达在电梯居然遇到了小王，窘迫难堪的她还是问候了小王："累吧，回家多休息。"

"没有主管累，那天多亏你，不然我肯定连家都回不了了。"

"那天你也喝醉了吗？"琳达问。

"是啊……"琳达这才明白，原来她所担心的事根本不存在。

　　案例中的琳达就是个苛求自己的人，因为担心自己酒后失言可能给自己带来的后果而总是烦躁不安，影响了工作，而事实证明，她的担心是多余的。

　　我们周围就是有这样一些人，他们做事谨小慎微，对自己和他人都要求十分严格，总是认为事情做得不到位。因为他们太过专注于小事而忽视全局，这主要是他们性格上的原因，他们对自己要求过于严格，同时又有些墨守成规。通常情况下，因为他们过于认真、拘谨，缺少灵活性，他们比其他人活得更累，更缺乏一种随遇而安的心态。

　　这类人高高在上、看似完美，但却没什么朋友，人们也不愿意与之交往，就是因为他们用完美给自己树立了一个大好形象，反而让人们敬而远之。因此，你可以明白的一点是，拒绝完美，凡事都不要逼自己，允许自己做不到100分，你会发现，你会活得更轻松。

　　可以说，一个人对自己有高标准的要求是有益处的，它能使我们在正确的轨道上行走。然而，凡事都有度，过度就会适得其反。对自己要求太高，很容易对自己过分苛刻，陷入极端状态，如当他犯了一点错误时，他便会悔恨不已，甚至会妄自菲薄、贬低自己。那些自控力太强的人时刻会警惕自己的行为是否得当，他们会比那些凡事淡定的人活得更累。

　　人们常说，什么事情都有个度，追求完美超过了这个度，心里就有可能系上解不开的疙瘩。我们常说的心理疾病，往往就是这样不知不觉出现的。对待自己的错误不依不饶的人，总是不想让人看到他们有任何瑕疵，给人的感觉是过分苛刻，看似开朗热情，其实活得很累。

因此，如果你失败了，或者事情没有做到位的时候请原谅自己。想一想，如果你的好朋友经历了同样的挫折，你会跟朋友说什么？你会怎样安慰他？你会说哪些鼓励的话？你会如何鼓励他继续追求自己的目标？这个视角会为你指明重归正途之路。

德国大文学家歌德曾说："谁若游戏人生，他就一事无成，谁不能主宰自己，永远是一个奴隶。"就一般人而言，如果一个人对自己没有高标准的要求、缺乏自控能力，一般不容易实现自己既定的人生目标，难以获得家庭的幸福和事业上的成功，其情绪容易受外来因素的干扰，使其行为与人生目标反向而行。但对自己太过苛刻也会带来反作用。

因此，我们每个人都要记住，再美的钻石也有瑕疵，再纯的黄金也有不足，世间的万物没有纯而又纯和完美无瑕的，人也不例外。我们每个人都不可能一尘不染，在道德上、在言行上都不可能没有一点错误和不当。人总是趋于完美而永远达不到完美，因此，你不必对自己和别人做过高的不切实际的要求。

完美主义也是一种缺点

一个人身上总会出现一些个体特征明显的问题，如强迫症、洁癖等，这些典型的问题会影响到这个人的一言一行。当然，比起许多其他问题，似乎我们对"完美主义"趋于好感。甚至，有些人无不得意地逢人便说："我这个人呢，唯一的缺点就是太过于完美主义。"事实上，这些人根本不了解什么是真正的完美主义。

完美主义，准确地说应该体现在两个方面：完美主义的努力和完美主义的担忧，也可以理解为积极的完美主义和消极的完美主义。积极的完美主义，主要是严格的自律和高职业道德；消极的完美主义，则代表了过度自我批评以及满足感的缺失。从古至今，有许多成功的人士，他们大多属于积极的完美主义，追求完美，但这份对完美的渴求却没有成为他们成功路上的障碍。

积极的完美主义，对人和事都有一定的正面促进作用。通常这一类型的人，一旦定下目标，就会坚持下去，对事情的要求永远希望做到尽善尽美，他们会更多地关注事情不好的一面，然后努力去弥补事情的不足之处，从而促成整件事情的顺利结束。当然，在做事情的过程中，他们对完美的追求不会影响到事情本身。

然而，消极的完美主义，却因太过于追求细节、追求完美而导致做事效率低下，甚至会养成拖延的习惯。这一类的完美主义伴随着内心的焦虑，他们通常会以为自己再好也不够好，一种对卓越的完美追求导致他们缺失"自我关怀"。人们或许难以想象消极的完美主义的破坏性有多么严重，通过大量研究发现，完美主义者和自杀之间存在一定的相关性。因为他们不会在冲动之下做事情，总是小心行事、善于计划，一旦他们下决心结束生命，典型的性格特征会让自杀更容易成功。

消极的完美主义还容易导致抑郁症，现实生活中的诸多压力对于抑郁症的影响，会随着人们追求完美的程度提高而加剧。简单地说，就是如果一个人常常去关注事情违背其愿望发展的那一方面，其情绪就会常常遭受打击，从而加剧抑郁症的发作。

很多人并没有意识到消极的完美主义的破坏力，他们更多的是希望完美主义可以帮助自己实现成功，但真相并不是这样。因为从一开始就阻碍人们的是那些对失败的恐惧、对无法达到自己预期的恐惧，在这样的情况下，大部分人会通过不良的应对机制来面对压力，也就是尽可能地回避。例如一个成绩平平的人，他对于自己是否考出优异的成绩没有太大的焦虑感，根源在于认为自己没办法完美地完成任何事，选择了不去尝试。而且，在做事过程中，他们往往由于小挫折，或者害怕犯错而感到焦虑，从而导致无法进一步完成任务。过度的完美主义，让他们对自己有着几乎不可能做到的高标准，以至于即使在旁人看来他们已经很成功，但是他们依然没办法感到快乐。

完美主义者身上有太多的标签，如果在一个人身上出现了大部分的个性化标签，那么表示这个人追求的完美主义已经开始走向消极的一面了。

1. 做得不好是能力不足

做事难免会做得不好或犯错，因为有了错误才能在经验中学习和成长，不过完美主义者并不会这样想。在他们看来，假如自己一件事做得不好，那就表示自己能力方面有些许不足。哪怕是一点点小挫折也会带给他们强烈的挫败感，如果是遭遇大的难题则会让他们产生严厉的自我批判。

2. 即使成功了也没多少喜悦

对完美主义者而言，不管自己赢得了怎样的成就，他们依然不习惯去庆祝成功的结果。即使别人已经觉得很成功了，但他们还是会看到其中的瑕疵。当人们在为他们庆祝成功时，他们总会自我检讨说"我应该会做得更好的""还是怪我这里没考虑到，否则现在的结果应该更好"。

3. 感受不到自我价值

完美主义者经常感受不到自我价值，从来不会因为"我是谁"而感到骄傲。通常他们的自我价值来源于自己做了什么、完成了多少事情。不过，令人奇怪的是，虽然他们成功地完成了很多事情，但他们依然不觉得自己成功了。

4. 对他人严格苛求

完美主义者不仅仅对自己要求严格，同时也会对他人提出非常严格的要求。正因为这样，某些不切实际的期望，以及提出的严格要求，常常会影响人际关系的和谐。

5. 伴随诸多心理问题

一个过度的完美主义者，他的心理常常伴随着各种亚健康问题，如强迫官能症、神经性进食障碍、抑郁症等。若是抑郁症加重，还会产生自杀倾向。

6. 从不做没有把握的事情

完美主义者虽然表面上看起来处处追求尽善尽美。但事实上，大部分的完美主义者对自己不擅长的领域完全没什么兴致。他们喜欢展示擅长的一面，或者在感兴趣的领域中发展，从而拒绝做没有把握的事情。平日里他们也会喜欢选择挑战性较低的事情来增加成功的可能性，挑战新的领域则让他们感到苦恼。

7. 对生活感到不满

完美主义者对失败的恐惧感以及对未来的焦虑感，往往让他们对自己的生活感到不满。一个典型的完美主义者，经常看起来不是很快乐。若是现实生活中压力比较小，他们的表现往往比较可观；一旦生活压力比较大，他们则会表现出对生活的严重不满。

8. 做事效率很低

生活中，那些积极性强的人往往很努力，而且做事效率很高。但对于典型的完美主义者而言，他们非常纠结一件事情的完成，一篇稿子改了无数次依然觉得不满意，一件工作做了很多天依旧觉得不够好。由于过分追求完美，所以做事效率比较低。

9. 需要大量的时间和精力

完美主义者往往需要大量的时间和精力，来掩饰自己的不完美。他们内心十分害怕受到来自别人的批判，为了避免这样的评价，他们会尽可能维持一个各方面都不错的形象。

10. 常常感到烦躁不安

完美主义者，由于对自己和他人有过高的要求，而事实上自己很多时候并不能达到高期望，而他人也会因各种情况无法达到高标准，所以他们常常感到烦躁不安。

完美主义者常常会受到来自人际关系的压力，容易夸大他人的否定、拒绝、怀疑等，而且这样的压力完全是没有办法通过自己所达到的成就来消除的。所以，对于过度的完美主义者而言，最重要的就是接受一切不完美。

不要一厢情愿地把自己当成焦点

生活中，有的人习惯过分追求完美主义，不断地苛责自己，他们最常用的方式就是把自己当成焦点，注意自己的一言一行，好像有了一点点疏忽，自己就成了大罪人一样。其实，他们都忽略了，自己就好像在不断地讨好身边所有的人一样，如果看见别人的眼光不一样了，他就觉得内心恐惧，就有一种莫名的担心：我是不是做得不够好？实际上，生活中每个人有每个人的生活方式和言语行为，根本没人在意你今天说了什么、做了什么，千万不要一厢情愿地把自己当成焦点。如果你觉得别人在观察你、注意你、在意你，那也是因为你太过较真了，每天人们都有很多事情需要考虑，他们根本没有多余的时间和精力来观察你到底说了什么、做了什么，或者说哪些事情没做好。

小资是一名歌手，以前，她也有过抱怨的时候，每次上节目，她都会抱怨："自己太辛苦，工作压力太大，实在受不了，有时候很在意歌迷和媒体的看法与评论，我一年发行两张专辑，但是，自己又想把工作做得更好，这样的工作量简直令我崩溃。"以前的工作时间安排得很紧，如果白天上通告做宣传，晚上还要去录音棚完成下一张专辑的录制，这样的生活超出了小资可以承受的范围，每天她都感觉到很累，但是心中的怨气却无处诉说。最后，在内心快要崩溃的时候，她选择了退出歌坛。

在4年的休息时间里，小资做自己喜欢的事情，她说："以前大家都是看我怎么变化，现在我是用自己的脚步来看大家的改变。虽然现在我年纪大了，似乎变得老了一些，年龄并不是我能掩盖的东西，我也想永远年轻，但是，我也懂得这就是时间给我的礼物。在我成长的过程中，我得到的最大一份礼物是不用费劲去证明自己，只需要做自己喜欢的事情，跟着自己的步伐走，在以后的时间里，如果我能完全坚持自己的选择，那就是最好的生活。"或许，年龄对于小资来说，似乎变得大了一些，但是，正是这样一个年龄，是一个不需要在意任何人眼光的时候。最近，小资复出了，在工作上，她已经与唱片公司达成了一致的意见，不需要拿任何事情炒作，同时，不需要为了赢得名气而故意报唱片的数字，自己可以自由自在地唱歌，这是小资最喜欢的一种状态。

她这样告诉所有的媒体："我不在意任何人的眼光，我不是焦点，我只需要做自己喜欢的事情。"

一个人若是较真地将自己当成焦点，他就会以人们心目中的标准来要求自己，他很担心自己不能让所有的人满意，害怕在做错一件事之后受到大家的责备。即便没有人会在意，但他内心已经背负了沉重的包袱，因为太过较真，所以活得很累。

小雨是店里新来的营业员，她是一个小心翼翼的女孩子，就连说一声："你好。"她都会微微点头，唯恐自己的言行让店长不太满意。其实，对于这样一个谦和有礼的女孩子，店长是很喜欢的。

小雨并不明白店长的心思，她每天都在担心自己的工作做得不够好，担心自己做错了事情。有一天，她在摆弄蛋糕的时候，不小心手抖了一下，小蛋糕掉在了地上，小雨害怕得眼泪流了下来，店长急忙安慰："没事，没事，一会儿让师傅重新做一个。"可小雨心里好像背上了一个沉重的包袱，总在担忧这件事：店长会不会因为这件事辞退我，我怎么这样笨呢？其他人工作总是做得那么好，可我……她越想越泄气，每天忧心忡忡，工作接连出现了很多纰漏，店长疑惑了，这样一个女孩子到底为什么烦心呢？

在店长的再三开导下，小雨才道出了自己的心结，店长听了有些哑然失笑："这都是一些小事情，值得为这样的事情担心吗？工作中犯了一点小错，没有人会在意的，因为大家都在关注工作的事情，没有人会关注你，当初我当实习生的时候，犯下的错误更多，但我从来不担心，因为犯错了才能更好地改正错误，不是吗？"听了店长的话，小雨顿时觉得豁然开朗，自己并不是焦点，又何必去在意别人是怎么看的呢？

因为太在意别人的目光，我们的言行都会小心翼翼，如履薄冰，心中好像揣着一个炸弹一样，随时准备逃跑，这样整日忧心的日子有什么快乐可言呢？其实，将自己当成焦点，那不过是自己在与自己较真，实际上根本没人会在意自己的言行。

1. 你不需要让所有的人都满意

大多数人都有这样的经历：上学的时候，父母总是指着隔壁的孩子说："瞧瞧人家，成绩多优秀，你得向他看齐。"大学毕业后，父母、长辈都说："还是当个老师，或者考公务员，这才是铁饭碗，其他的都不是什么正当的工作。"工作的时候，上司总是告诉你这样不对、那样不对。我们生活的最初点，似乎就是在让所有的人都满意，而从来没有让自己满意过。事实上，我们要懂得这样一个道理：你不需要讨好所有的人，只有自己喜欢才是最重要的。

2. 做自己喜欢的事情

生活中，什么是快乐？其实，快乐很简单，就是做自己喜欢的事情，如果我们太过于在意别人的眼光，在这个过程中不自觉地将自己当成焦点，那只会让自己身心疲惫。因此，学会做自己喜欢的事情，享受自己的生活，没人会在意你做了什么。

只要不是太大的事情，通常情况下人们是不会在意的，任何人都不会成为大家的焦点，因为每个人的焦点就是自己。因此，不要苛责自己，如果在做事情的过程中有了一点疏忽，不要自责，因为没人会在意。

有了瑕疵，才有了独一无二的美丽

天气如何的风和日丽，却免不了留下随风的尘埃；人生如何的繁花似锦，却害怕迷失了壮阔的胸怀。其实，在这个世界上，没有绝对的完美，不过，因为有了瑕疵，才显得更完美，显得与众不同。瑕疵，是完美的前提。我们怎么样才能找到完美呢？在瑕疵中，是没有完美的，就好像这个世界上没有两片完全相同的叶子。对此，哲学家这样解释："完美就在于它并不完美，世界根本不存在完美的标准，然而却有完美主义者。"其实，瑕疵和完美是相对的，有了瑕疵，才会显得与众不同，才会显得更完美。可以说，世间万物，所有的美都是有瑕疵的，因此才会显得与众不同。

当雄伟的三峡工程顺利竣工，成为世界举世瞩目的成功典范时。记者曾激动地问："三峡最大的成功在于哪里？"负责此项工程的工程师说："最大的成功在于对它的批评。"确实，一件东西最大的成功在于它的瑕疵，因为瑕疵，它才会逐渐变得更完美。所谓的完美终究是不完美的，瑕疵使得完美不断地发展、不断地进步，这样的美丽才会显得更不一样。

西楚霸王项羽自恃清高，认为只有自己才是最完美的，最终却失去了眼前的大好江山，含恨自刎乌江；王明阳格物致知，认为只要完全认清事物，事物就会最完美，最终却是毫无结果；关羽年迈却觉得自恃雄才，结果败走麦城。那些总是追求完美、容不下瑕疵的人，结果却是以瑕疵结束。在这个世界上，任何事物都是美丽的，因为有了瑕疵，所以才会是独一无二的美丽。

有的人一生都在追求完美，殊不知这个世界根本没有完美，完美不过是一种理想的境界。人的一生注定会有许多的瑕疵，你收获一些，就注定会失去一些，因为没有人可以完美地获得一切。

1.别为完美而烦恼

完美是十分遥远而高不可攀的境界。虽然在生活中我们都很崇尚完美，也尽自己所能来追求完美，但我们距离完美到底有多远？完美到底是一种怎么样的境界？我们无从得知。我们常常会为生活中的瑕疵而烦恼，其实，这都是不值得的，因为这个世界不存在绝对的完美。万事万物，因为有了瑕疵，才会变得完美。

2.瑕疵也是一种完美

我们不能描述完美到底是怎么样一种境界，但我们知道完美是独一无二的。这样想来，难道瑕疵不是一种完美吗？因为瑕疵，使得东西本身更加与众不同，这样看来，这件东西本身就是完美的。所以我们说，瑕疵也是一种完美，因为有了瑕疵，才会让美丽显得更加与众不同。

生活中，学会接纳别人的缺点，你才能拥有更多的朋友；学会接纳事物的瑕疵，你才能知足常乐。世间没有绝对的完美，太刻意地去追求完美，只不过是给自己施加压力，甚至会让自己烦恼一生。要敢于面对瑕疵，因为有了瑕疵，才使得美丽显得与众不同。

第 8 章
改变思维：消除拖延症要从根治拖延思维开始

现在的你，是否感到很疲惫？尤其是每天重复而又忙碌的工作、生活，你感到没有前进的动力了，你失去了从前的热情，甚至慢慢形成了拖延症。可不管怎样，你要记住，无论你是处理日常工作、为梦想奋斗，甚至是平淡的家庭生活，唯有那些热情满满的灵魂，才能冲到终点，赢得成功。因为他们不会被疲惫打败，就算在人生路上没人为自己喝彩，他们也会为自己鼓掌。

只有轻松的身体和心情，才能产生工作的动力和热情

生活中，我们总是能听到周围的同事或朋友抱怨说："好累啊！"现代社会，谁不累呢？我想每个人感觉到的累，可能来自不同的方面，工作的压力感、职业的倦怠感，甚至有些只是因为睡眠不足。但无论如何，只有轻松的身体和心情，才能产生工作的动力和热情，拖延症才不会缠上我们。因此，任何一个工作效率高的人，都建议我们要学会放松自己、为自己减压。当然，每个人放松自己的方法不同。

梅已经28岁，原本音乐系的她在毕业后不得不接手家族生意。每天，她都要亲力亲为公司的很多事，她需要经常都游走于各个谈判桌、饭桌之间，不停地出差、不停地坐飞机，她已经厌烦这种生活，甚至感到恐惧，她也逐渐养成了做事拖延的习惯，甚至能拖就一定往后拖，为此，她的父亲有好几次都批评了她。

她的朋友建议她应该好好放松放松自己。于是，这天，她开着车，带上读书时代最爱的小提琴，来到了离市区很远的河边。

听着潺潺的流水声、空谷中鸟儿的啼叫，呼吸着新鲜的空气，梅拉起了小提琴，那些熟悉的旋律又浮现在脑海中，那些所

谓的客户、订单、酒桌等都抛到脑后的感觉真好，不知不觉间她在车上睡着了，醒来后，她感到了前所未有的放松，她心想，也许只有音乐能让自己的心静下来。

从那次以后，梅重拾了自己当年的爱好，每周末，她都会花上半天的时间拉小提琴，陶醉在自己的音乐里，她很享受。

生活中，像梅这样因为工作或生活等原因造成心理压力大并患上拖延症的人不少，面对生活和工作，我们不得不四处奔波，长时间下来，我们疲惫不堪、精神紧张，却不知如何调节。据统计，有50%的人一周中至少有一天会感到疲惫。美国乔治亚州大学的研究者通过对70项不同研究分析得出：让身体动起来可以增加身体能量、减少疲累感。

事实上，那些行动迅速、高效率的人从不打疲劳战，他们甚至还掌握了随时放松自己的方法，具体来说，有以下几种。

1. 放松呼吸

紧闭双目，放松肌肉，默默地进行一呼一吸，以深呼吸为主。

你可以选一个自己喜欢的"平静"情景，长长地、慢慢地吸气。你可以将你的肺部想象成一个气球，你要尽量将这个气球充满。当你感到气球已经全部膨胀起来，就表明已经气沉丹田，保留两秒钟。然后，轻轻地、慢慢地将气呼出。吸气持续4秒钟，呼气也持续4秒钟。你可以一边呼吸一边数秒。为了放慢速度，你数秒的方法可以做些改变，将"一秒"变成"一个千分之一"这样可以将速度基本上降到大约一秒钟一个数字。开始吸气时，你的脑子便开始数，"一个千分之一，两个千分之一，三个千分之一，四个千分之一"，你一定要将吸气坚持到数完"四个千分之一"，然后以同样的方法呼气。

2. 想象放松法

想象放松法是通过对一些安宁、舒缓、愉悦的情景的想象以达到身心放松的目的，你要尽量运用各种感官，观其形、听其声、嗅其味、触其柔……恰如亲临其景。

例如，你可以想象在一望无际的大草原上散步。在一个暮春的下午，夕阳西下、余晖相映，你踩在柔软的草地上，清新的野草味、花香味以及田园味阵阵扑鼻，不时还有鸟儿鸣叫、蜂蝶飞舞。你身临其境，微风拂面，就像小时候妈妈温柔的抚摩；柔光沐浴，就像出远门时父母的谆谆叮咛；高天远山令你心旷神怡，你此时舒展全身，慢慢地做深呼吸，感到无比轻松舒坦。这样就可以排除杂念，心平气和，达到放松的目的。

再如，你静静地俯卧在海滩(湖边的草滩)上，周围没有其他人，清风轻轻地吹着，你渐渐聆听到风吹过草地到你的耳旁，感受到阳光温暖的照射，触到身下海滩上的沙子（湖边柔软的草儿），你全身感到无比的舒适，微风带来一丝丝海腥味（清新的味道），海浪在有节奏地唱着自己的歌（湖面上的水静悄悄地涌过来，时不时有鱼儿嬉水溅出的水花声），你静静地、静静地谛听这永恒的波涛声（这令人神往的梦里水乡）……

3. 按摩

紧闭双眼，用手指尖用力按摩前额和后脖颈处，有规则地向同一方向旋转，不要漫无目的地揉搓。

4. 松颈操

右手置于脑后，下巴轻轻地压向胸部。同时尽力将左肩和左臂向下沉。保持这一姿势10~30秒钟。然后慢慢地还原，左右手交换重复练习，方法同上。

5. 打盹

学会在家中、办公室，甚至汽车上，一切场合都可借机打盹，只需10分钟，就会使你精神振奋。

总之，在学习或工作中，我们要尽量保持轻松愉快的心情，只有这样，我们才能避免因为负面情绪而出现拖延的行为，当我们感到疲惫时，不妨采用以上几种方法来进行自我放松。

克服拖延症的第一步是克服拖延思维

现代社会，有很多人尤其是年轻人，都有着做事拖拉的习惯，也就是我们说的拖延症，他们害怕接受工作任务，甚至经常到最后一刻才开始执行；他们认为晚一点再做也可以，结果一步步拖下去，最终也没开始；他们总是对未来有着各种各样的憧憬，但始终没有迈出第一步……对于我们每个人来说，拖延的习惯都会影响到我们做事的效率，无论是在职场上还是在学习上，也会给别人懒散的印象。那么，如何改掉这样的坏毛病呢？

我们都知道，人的思维指导行动，对于拖延者来说，他们之所以做事懒散、行动拖拉，多数情况下是因为拖延思维导致的。在他们内心，常常有这样的声音："等会儿去做也没关系。""大家都还没动手呢，我不必着急。""太难了，实在找不到办法。"很明显，这些都是拖延思维，对我们的行动给予的是负面的暗示作用。

可见，如果你经常为自己的拖延行为找借口，那么，很可能是因为拖延思维的影响。要摆脱拖延症，你首先要做的就是消除拖延思维。事实上，我们在做事的过程中，也总是会遇到一些困难，此时，我们需要调节和控制自己的心态，鼓励自己，这样可以给自己精神动力。

其实克服拖延症就是一种自我管理，它和做其他事一样，假如不存在困难，那么也就体会不到成功时的快乐，以这样的信念激励自己，能帮助我们克服内心的很多负面心理。然而，任何人都不可能帮助你改变现状，能拯救你的只有你自己。

通常来说，拖延思维是消极思维的一种。如果我们不摒弃拖延思维，那么，我们只能无止尽地拖延下去。总之，任何一个希望解决拖延症的人，都应该摒弃消极的拖延思维，始终相信自己能做到自控和立即执行，以这样的信念引导自己去做事，相信一定能有所收获。

千万不要逼迫自己去做不喜欢的事

每个人都有自己的兴趣，做自己喜欢做的事情是每一个人的梦想，同样，按照自己的兴趣爱好去做，最终也会得到一个很好的结果。其实，每个人都是一块金子，每个人都是一座尚待挖掘的宝藏，就看你是否具有一双慧眼，是否勤奋，能够发现、挖掘出自己的价值，让自己的人生耀眼夺目、与众不同。

上天赋予每个人不同的个性，上天也给了每个人不同的兴趣爱好，可是有些人偏偏忽略了这一点，盲目地跟风、无目的地效仿，看到别人成为了钢琴家，自己也盲目地学钢琴；看到别人在画画上有所造诣，自己也去跟风，结果却什么都是半途而废，最终都以失败而告终。

所以，千万不要逼迫自己去做不喜欢的事，把握好自己的兴趣，在该做出选择时不要犹豫，将你的精力消耗在你喜欢的事情上，这样你不仅会拥有很大的动力，同时会让你爱上你所做的事。

1. 找到感兴趣的事情

还有一些人是缺乏发掘能力，这些人不知道自己的兴趣究竟是什么，自惭形秽、妄自菲薄，认为自己天生就是庸才，注定一生都要碌碌无为。其实，归根结底这些人只是没有找到自己的兴趣所在，没有很好的挖掘自身潜力，过于盲从、过于武断地判断自己的价值。

2. 感兴趣的事情，态度更积极

不可否认，一个人在事业上取得的成就大小与兴趣是有很大关系的。如果你一直做自己喜欢做的事，你的内心便会充满愉悦与快乐。因为做自己喜欢的事才是幸福的，这样的幸福不用你做任何思想斗争，不用你去考虑任何不必要的琐碎事情，同时，它也不是你刻意追求的结果，因为它是自然而然的，与做事的过程相伴而生。

因为喜欢，你会感觉前方的道路海阔天高；因为喜欢，你会感到浑身倍感动力；因为喜欢，你会尽情地享受自由与快乐。也正因为这样，你在做事时会觉得得心应手、顺理成章、事半功倍。

每日备忘录具有提醒意义

你是否有使用"每日备忘录"的习惯？现代社会总是充斥

着各种激烈竞争，几乎每个人都在忙碌地生活着，孩子需要上各种辅导班，培养特长，还需要完成学校布置的作业。在忙碌的日常生活中，有很多需要记忆的工作。但是，一个人的记忆是有限的，这时需要一个可以提醒和安排自己工作的工具，可以井井有条地处理和安排工作，在有限的时间内完成最紧急最重要的事，而"每日备忘录"则恰恰有这样的功能。

可以说，"每日备忘录"是我们想要记住却又不能长久记在大脑里的讯息、文件和资料的存储器，当我们需要时可以看一下那些日程安排。每天早上，我们都要养成去看"每日备忘录"的习惯，看看记了些什么事情，让备忘录真正成为一种有用的时间管理工具。同时，因为备忘录的存在，会帮助我们抑制住冲动的情绪，从而做出理智的判断。

对职业者而言，"每日备忘录"是引导充分开展有效行动的重要环节。做好每日备忘录，需要养成习惯，每天把自己能想到的，现在有的、想的或做的，以及以后想要做的事情都记在上面。当然，每日备忘录是一种帮助自己记忆的工具，通过这个工具提醒自己记住那些容易忘记做的事情。比如说，在日历上标记着家人的生日，这就是备忘录。最初，人们习惯性通过画圈或标记等方式直接将事情标注在日历上，不过日历因太小而无法将一切的事情都标记下来，毕竟上面全部是日期，所以也没有多余的地方让你把备忘录做得更详细。

　　张小姐有一个提醒自己还贷的备忘录，每个月3日还信用卡，每个月9日还蚂蚁花呗，每个月20日还银行房贷。有了备忘录，她就不至于忘记还款，避免有信用不良的记录。每日备忘录可以从每月1—30日，加以编号。比如说你决定在下周二去医院看望朋友，不放在每日备忘录的日期上做标记。假如定在周五早上，可以在周四的地方做个标记，然后移到周五，便于再看一次。

　　有些时候，标注的事情附带一些文件，那就可以用档案袋来备忘，如你在本月15日需要出席一个谈判会，而你需要带一些公司的资料。那么就把这些资料装进档案袋，上面标明谈判会的地点、时间、与会人员和参会原因。或许你会忘记出席谈判会或一时找不到资料，但是只要你记得查每日备忘录，便不会忘记这件事。

　　1. 可以将文件归类备注

　　或许，你在未使用每日备忘录之前，文件总是堆满桌子。现在开始学做备忘录吧，将需要处理的文件按照日期放进档案袋，在放置的地方及想要使用的时间做个标记。在每个月的月初打开当月的档案袋，按照预定的时间将文件放进去。

　　2. 提高做事效率

　　有了每日备忘录，你只需要每天早上看当天所需要做的事情，然后轻松地去做决定，用不着花时间和精力在其他事情上，这样会帮助你节省不少的时间和精力，并能提高工作效率。

3. 记录未按时完成的计划

备忘录可以记录自己因各种原因未按时完成的计划，如你想每周跑步3次，在两个月之前就在每日备忘录里做了记录。当回过头来检查计划时，想想自己以前是否做过。如果按照计划进行了，就会感受到坚持的那段时间里自己的变化。

4. 促进与他人保持联络

每日备忘录可以帮助自己与朋友保持联络，根本不需要担心哪一天需要跟朋友联络。只需要将日期标注在每日备忘录里，到时再打电话保持联络，这样可以促进自己与他人保持联络，增进人际关系。

用每日备忘录记录每天需要做的事情，一旦你熟悉了这种方法，就会发现这是简单而有效的时间管理工具。当然，不管在什么时候，及时行动都是每日备忘的延伸，需要对备忘录进行精心策划。

积极暗示，始终保持积极乐观的态度

卡耐基说："如果只有柠檬，就做杯柠檬汁。"当你第一次尝到柠檬，那一口酸入心脾的味道一沾到舌尖，你立即就会呲牙咧嘴忙不迭地吐出来。如果上天给你的是个柠檬，的确是一件让你比较郁闷的事情。如果命运交给你一个酸柠檬，你得想办法把它做成甜的柠檬汁，并告诉自己："这是甜的，我喜欢。"柠檬是又苦又酸的，难以下咽，可是如果你把它榨成汁，加上糖，倒入蜂蜜，却变成味道很好的柠檬汁。虽然生命给我们酸苦，但是我们可以让它变得甘甜。有的人不幸拿到柠檬，他就会自暴自弃地说："我垮了。这就是命运，我连一点机会都没有。"然后他就开始诅咒这个世界，让自己沉溺在自怜之中。而聪明的人拿到柠檬的时候，就会说："从这不幸的事件中，我可以学到什么呢？我怎样才能改善我的情况？怎样才能把这个柠檬做成一杯柠檬汁？"所以，学会把自己手中的柠檬做成一杯可口的柠檬汁，那样就会让你的人生充满甘甜和愉悦。

有一位美国的农夫，他经过多年努力的工作之后，终于用自己存起来的钱买了一块价格便宜的土地。可是他买地之后，心情就十分低落。因为他买的那块土地非常贫瘠，根本不适合种植任何农作物，甚至连粮食作物都长不出来。除了一些矮灌木和响尾蛇，其他什么东西都无法活在这片土地上。

他整日为这件事忧虑着，后来他想到了一个主意，能把这个负担变为资产、挫折变为机会。于是，他不顾身边人们诧异的眼光，开始捕捉地上的响尾蛇，又去买了些机器来生产响尾蛇的罐头。就这样，几年之后，他的农庄变成了当地十分有名的观光景点，每一年平均就有两万名观光客前来参观。

后来，这位美国农夫的生意越做越大。他把响尾蛇的毒液送往美国实验室做血清，而响尾蛇的蛇皮则以高价售出，用来生产女士的鞋与皮包，然后再把蛇肉装罐卖到世界各地。于是，他们村的邮戳都改为"佛罗里达州响尾蛇村"，以对这位把"酸柠檬榨成甘甜柠檬汁"的农夫表示致敬。

那位美国的农夫看见自己用所有积蓄购买的土地一片荒芜的时候，他并没有马上放弃它。而是思考怎么把这一片贫瘠之地利用起来，于是他针对土地上盛产响尾蛇的特点，开始生产罐头，并且还把响尾蛇的毒液、蛇皮都利用起来，最终使自己取得了巨大的成功。上天开始只是给了他一个酸柠檬，但是他却没有因柠檬的酸苦就扔了它，而是思考怎么把一个酸柠檬榨成甘甜柠檬汁。最后，他不但把柠檬榨出了甘甜的柠檬汁，还发掘了柠檬更多的价值。他的成功主要在于他自己的心态，乐观、积极向上的心态使他最终取得了成功。

1. 改变自己的态度

北欧有一句话："冰冷的北极风造就了强盛的维京人。"上天把冰冷的北极风给了维京人，但是聪明的维京人没有因为北极风就丧失了生活的方向，而是更好地把北极风利用起来，所以他们变得十分的强大。当面对一些生活中的困难的时候，悲观的人只会怨天尤人、自暴自弃，甚至一蹶不振，所以失败总是紧紧地跟着他们；而乐观的人就会思考，怎么把一些不利的条件转化为自己所利用，所以他们往往能够登上成功的宝座。

2.学会享受过程

生活中，我们要时刻保持乐观的心态，这样才会使自己的每一天都充满快乐。一个拥有乐观、积极向上心态的人，通常能够取得工作上的成功，获得生活中的幸福。因为，在面对工作和生活中的一些困难或者是挫折时，他们能够以一颗平和的心去对待，而不是选择放弃，他们会把上天给的酸柠檬榨成一杯甘甜的柠檬汁。

3.学会利用现有资源把事情做成，而不是消极等待

我们要学会给自己的生活增添一些快乐，将酸柠檬变为甘甜的柠檬汁，时刻以乐观的态度来面对挫折，你才能找到通往快乐王国的钥匙。如果你只是顾影自怜，即使你住在美丽的城堡里，恐怕你也找不到快乐。

真正的快乐不一定是从享乐中得到，它多半是在征服困难的过程中获得的。生活中我们的快乐并不都是来自享乐，还有一部分是来自一种挑战自我的成就感、一种超越挫折的胜利感、一次将命运的酸柠檬榨成可口柠檬汁的过程。当然，这也是一种自我安慰、一种契合心灵的救赎。

第9章
做好时间管理：高效做事抵抗拖延

　　毋庸置疑，对于我们任何人来说，最珍贵的就是时间，浪费时间就是浪费生命，为此，越来越多的人认识到时间管理的重要性，而克服拖延症也成为时间管理者的重要学习课题。反之，那些拖延者就是没有做好时间管理，白白浪费掉了大好的时间。如果我们能充分利用自己的时间和精力，绝对可以做出更有价值的事情来。

学会时间管理是拖延者的第一要务

我们都知道，时间是生命的构成部分，然而，人的一生，短短几十载，生命有限。我们任何一个人都没有太多的时间拿来挥霍。可能你认为自己还处于人生刚刚开始的阶段，但你同样要利用好每一分钟，不要等到逐渐老去的时候，才慨叹浪费了生命。

的确，如果我们浪费时间，工作和生活总是被那些琐碎的、毫无意义的事情所占据，那么我们就没有精力去做真正重要的事情了。世界上有很多人埋头苦干，成就却一般，如果他们充分利用了自己的时间和精力，绝对可以做出更有价值的事情来。

然而，对于那些拖延者而言，他们之所以会有做事拖拉的习惯，最主要的原因之一还是没有明确的时间观念。也有一些拖延者，他们总说自己很忙，是真的很忙吗？还是因为没有时间意识，不懂得规划？"磨刀不误砍柴工"，没有时间意识的人，只会在那些毫无头绪的事情上拖延时间。

从前，有一位富豪，他买了一幢豪华的别墅。自打他搬进新家的第一天起他就发现，总有个陌生人从他的花园里搬走一个箱子，然后装到卡车上拉走，他还来不及拦住，对方就已经开车走了，但车开得很慢，他边追边喊，最后，卡车停在了城郊的峡谷旁。

陌生人把箱子卸下来扔进了山谷。富豪下车后，发现山谷里已经堆满了箱子，规格样式都差不多。他走过去问："刚才我看见你从我家搬走一个箱子，箱子里装的是什么？这一堆箱子又是干什么用的？"

陌生人打量了他一番，微微一笑说："你家还有许多箱子要搬走，你不知道？这些箱子都是你虚度的日子。"

"什么日子？"

"你虚度的日子。"

"我虚度的日子？"

"对。你白白浪费掉的时光、虚度的年华。你朝夕盼望美好的时光，但美好时光到来后，你又干了些什么呢？你过来瞧，它们个个完美无缺，根本没有用过，不过现在……"

富豪走过来，顺手打开一个箱子。

箱子里有一条暮秋时节的道路。他的未婚妻踏着落叶慢慢走着。

他打开第二个箱子，里面是一间病房。他的弟弟躺在病床上等他回去。

他打开第三个箱子，原来是他那所老房子。他那条忠实的狗卧在栅栏门口眼巴巴地望着门外，已经等了他两年，骨瘦如柴。富豪感到心口绞疼起来。陌生人像审判官一样，一动不动地站在一旁。富豪痛苦地说："先生，请你让我取回这3个箱子，我求求你。我有钱，你要多少都行。"

陌生人摇了摇头，然后说："太迟了，已经无法挽回。"说罢，便和箱子一起消失了。

这个寓言故事要告诉我们的是，我们永远也无法留住时间，它会在不经意间溜走，而当你觉醒时，已经晚了。

有人曾说："今天为一分钟而笑的人，明天将为一秒钟而哭。"任何人尤其是拖延者，必须开始学会做时间管理。

海尔总裁张瑞敏推行一种被命名为"OEC"的管理方法。"OEC"管理法的含义就是当天的事情必须当天完成，不可拖延，这样办事效率才能有所提高。"OEC"管理法由三个体系构成：目标体系、日清体系、激励机制。首先确立目标，日清是完成目标的基础工作，日清的结果必须与正负激励挂钩才有效。

实际上，拖延并非人的本性，它是一种恶习，一种可以得到改善的坏习惯。这个坏习惯，并不能使问题消失或者使解决问题变得容易起来，而只会制造问题，给工作造成严重的危害。成功者从不拖延，而他们中的大多数人只是发挥了本身潜在能力的极少部分，因为他们对工作的态度是立即执行，所以成功了。那么，为什么我们还要逃避现实，还要忍受拖延造成的痛苦呢？

可见，任何一个拖延者都应该认识到管理时间的重要性，并在日常工作和生活中有意识地学习。如果我们把空余时间花费在无所事事上，那么它既不会有利于我们，也不会给我们的人生带来益处。对此，你可以这样做：

1. 按照计划做事

你可以每天睡前拟订一份计划，是关于第二天生活和工作的内容，分为最重要的、其次的、不重要的，当你感觉好的时候，先完成最重要的，然后依次完成其他，做任何事都需要集中心思，如果心不在焉，效率就不高，就不能充分利用时间。

2. 以较小的时间单位办事

这样有利于充分安排和利用每一点点时间，虽然一时节约的时间和精力或许不多，但长期积累，可节约大量的时间。

许多科学家、企业家、政治家办事常以小时、分钟为时间单位，而一般人常以天为时间单位。美国人办事常以小时、分钟为时间单位来计算，而我们办事常以一天、一周为时间单位来计算。

3. 多限时

人的心理很微妙，一旦知道时间很充足，注意力就会下降，效率也会跟着降低；一旦知道必须在什么时间里完成某事，就会自觉努力，使得效率大大提高。所以，你可以充分发挥自己的潜力，多给自己限时办事或者学习。

因此，从现在开始，你要用"立即执行"的好习惯取代"拖延"，这样，你就能不断积累知识。并且，马上行动可以应用在人生的每一阶段，帮助你做自己应该做却不想做的事情。对不愉快的工作不再拖延，抓住稍纵即逝的宝贵时机，实现梦想。

实施"生命紧迫法"，让你认识时间的重要

曾有人说："如果想要成为顶尖，那么就100%地实践，缺一分那就会差很多。一个人的成就，决定于一天24小时你做了哪些不一样的事情。"可以说，每个人对于时间的管理决定了其做事乃至人生的成功与否。你可能有很多人生目标，但梦想要成真的话，那么就要有一个期限。当你把期限写下来之后，你就会清楚地了解，我这个目标是不是太快了，太慢了，还是大多都在同一个时间。都是长期目标的时候你要把它分成短期的行动方案，行动步骤。若发现你所设立的目标都是短期的，那就建议你去设立一些长期的目标。

然而，我们发现，对于拖延者来说，无论他们有什么样的目标，他们的行为似乎总是慢半拍，他们常常觉得那些目标离自己太远，这是因为他们缺乏时间的紧迫性。

因此，效率专家建议，如果你觉得现在的工作和生活充满未知数、一片迷茫的话，那么，不妨用用"生命紧迫法"。

现在，我们不妨通过以下三个步骤来寻找自己做事的方向。

第一步，写出你的人生目标。

拿出一支笔、几张纸和一只表，你可以将时间限定在15分钟内。然后，你挑出一张纸，在纸的最上端写下问题，我的人生目标到底是什么？当然，这里的目标，在不同的人生阶段是不同的，所以你可以把人生目标看成自己当前看待人生的方式和视角。

接下来，你可以花上两分钟的时间列出所有的答案，如谈一场恋爱、去攀登珠穆朗玛峰、环游世界等，当然，你也可以列出一些在别人看来是幻想的事，毕竟，人有目标和梦想总是好事，你也不需要为这些想法负责，不过，你应该也有时间写下一些具体的目标，如为家庭、为社会能做出什么贡献，在经济和精神层面的目标等。

然后你可以多给自己两分钟，对刚才列出的清单进行必要的修改，达到让自己感到满意的程度。

如果仔细反省一下现在的生活模式，你或许能增添一两条内容，比如说，你在工作之外还有大把的业余时间，如果拿来为自己充电的话，是不是对未来的职业前景更有帮助如果你有阅读报纸的习惯，那说明你希望了解时事信息，并希望从中找到乐趣……

第二步，将目标时限缩短，接下来的3年，你如何度过？

在第一步中，你写的那些目标，可能是空泛的、没有实际意义的，比如说"获得幸福""取得成功""有所成就""赢得爱情""为社会做些贡献"等。在列出这些目标之后，你可以再给自己提问：我将如何度过以后3年时间？如果你的年龄已经超过30

岁的话，建议你把"3年"改成"5年"。此时，你是不是觉得奋斗的时间更少了，是否会产生一种紧迫感？

同样，先给自己两分钟时间，尽量列出所有可能的答案，然后再给自己两分钟，对已经给出的答案进行补充。

第三步，假如只剩下6个月呢？

现在你可以从一个不同的角度写下第三个问题：如果自己得了重病，只剩下6个月的时间了，那么，这6个月你又该怎么安排？

此时，想必你一定希望完成最重要的事。不过，在开始列出清单之前，你要尽量让自己相信所有与死亡相关的问题都已经得到了解决。你已经签完了自己的遗嘱，为自己选好了墓地，等等。所以在回答这个问题的时候，你所有的答案都应当集中在这6个月当中。

这个问题的目的在于帮助你找出那些对你非常重要，可你现在却并没有着手去做的事情，或者是那些你应当在今后6个月里关注的事情。你可以继续像现在这样生活；或者，如果你足够富有，你可以辞掉现在的工作，用自己的积蓄过完今后的6个月。你会怎么做呢？在两分钟时间里尽快写出答案，然后再用两分钟时间修改你的答案。如果你到现在还没动手，我建议你立即开始，从第一个问题开始。这是一项重要的练习，它将会让你受益无穷。

利用空余时间是提高做事效率的捷径

有人说，管理时间是生命的本质。不能管理时间，便什么也不能管理。假如失去了财富，可以辛勤地再赚；假如失去了知识，可以再学，健康则可以靠保养和药物来重得，但时间却是一去不返。最稀有的资源，就是时间。我们每个人都必须学会做时间的主人，尤其是那些拖延者，善用时间尤为重要，而要做到这一点，首先就要学会最大限度地利用空余时间，其实，这如同小额投资足以致富的道理一样，利用空余时间也是提高做事效率的捷径。可以说，古今中外，但凡有所成就者，都是善用空余时间的高手。

1849年，在一艘从意大利的热拿亚去英国的船上，当所有的人都在喝酒作乐、尽情享受海上航行的时候，恩格斯却坐在夹板的角落里，不停地在一个小本子上写写画画。

恩格斯从意大利的热拿亚坐船去英国。一路上，船上的旅客大多数在无聊地饮酒作乐、消磨时光，恩格斯却一直待在甲板上，不时地往本子上记录太阳的位置、风向及海潮涨落的情况。原来，他利用乘船时机正在研究航海学。

智者总是劝我们珍惜时间、努力充实自己，而我们常常说没时间。有人算过这样一笔账：只要每天临睡前挤出15分钟看书，一年就可以读20本书，这个数目是可观的，远远超过了世界上人均年阅读量。然而这并不难实现。

事实上，我们的空余时间并不少，关键在于我们怎样利用，对此，可以采用如下方法。

1. "一心几用"

也就是说，有些工作是可以同时进行的。例如在做饭、散步或上下班的路上，都可以适当地一心几用。不少人在厨房做饭时，仍能考虑工作问题，有的还准备好笔和纸，一边干活，一边构思，对工作有什么新的想法，马上就记录下来。

周末的早上，你是否经常这样：你慵懒地从床上爬起来、坐到桌前，然后嘴里嘟囔着今天该干些什么，事实上这已经是在浪费时间了。你完全可以在洗脸、刷牙、吃早餐时想这些事啊！

也许你会为自己辩解说：做事不是应该一心一意的吗？诚然，对于读书这类需要高度集中精神的事情，我们应该专心，但对于一边等公共汽车还能一边看报，似乎才合乎情理！至于在何种情况下一时几用、一心几用，必须由你自己来决定。在这个高速发展的社会，同一时间能同时做几件事的人，将越来越受到欢迎。

2. 充分利用等待的时间

亨利·福特说："据我观察，大部分人都是在别人荒废的时间里崭露头角的。"

我们每天都有大把的时间是在等待中度过的，如排队、等车、等人等，有人粗略估计过，我们每天花在等待上的时间绝不会低于30分钟。其中在上班的路上就会有10多分钟，而1个月，也就是300多分钟，也就是5个小时的时间。而一般人以为那只是短暂的而忽略掉，于是每天把不少的片段时间白白地浪费了。

等待是让人难受的，尤其是当我们还赶时间的时候，周遭的一切似乎都变得缓慢起来，而假如你能充分利用这点时间，等待不仅对你知识的增加、事业的成就，而且对你良好性格和情绪维护都有莫大益处。

例如当我们在坐轮船、火车做长途旅行时，可以看看小说，阅读你有兴趣的书报，背诵外语单词；当你排队看病、等待理发时也可抓紧学习。再或者，在去公司的路上，你可以在这些时间里构思一下工作的计划和细节，回顾一下每日计划表中应该做的事情，这样一到公司就可以立刻投入到工作中，省去了预备的时间。而在下班的路上可以总结反思一天工作中有哪些该做的事情没有做。你也可以利用上下班的时间，借助耳机来学习英文。很多人总是抱怨没有时间学习，如果每天上下班时间能背上10个单词，一个月下来也是一笔不小的财富，所以这些宝贵的时间一定不可以浪费。

3. 反其道而行之

不难理解，就是在别人做事时你不去做，等没有人做的时候再去做，这样就避开了某些活动的高峰期，如别人做某事的时候我不去做，等没有人去做的时候我再去做，这个方法确实非常好。例如午餐时间，楼下的餐厅里挤满了人，假如你能晚去上半个小时会发现那时候的人就非常少了。

在很多大城市，交通拥堵是常见现象，上班的时候，你可以试着提前1个小时到公司。

一家集团公司的老板，每天上班都要比员工早到1个小时，为什么呢?他说："我现在已经70多岁了，我早到1个小时，就能轻易地找到一个离公司近一点的停车位了。同时还可以利用早到的这1个小时来处理信件和邮件，在这1个小时的时间内，员工还没有到，公司里非常安静，不容易被打扰，而且也是头脑最清醒的时间，用来处理文件效率非常高。"

4. 用好下班前的5分钟

许多人快到下班的时候就心不在焉了。其实，下班前的5分钟是"黄金时间"，用好了，可以起到"承前启后"的作用。如果你以前的下班前5分钟总是无所事事，从现在起不妨试试下面的几条建议。

（1）整理备忘录。备忘录上记载了一天的工作摘要，包括当天会见的人士、新获得的名片资料等。内容多半繁杂无章，故在一天工作结束前将它整理一下。这样不但能掌握当天的工作进展，也便于日后翻阅。

（2）检查工作表。当天应进行的工作项目，已完成的做上记号，对未完成的项目也做到心中有数。

（3）拟订次日的工作表。把当天的工作表检查完毕后，接着列出次日应进行的工作项目，拟订工作表。此时可参照备忘录，以防疏漏。

（4）整理办公桌。下班前将办公桌整理得干干净净，才算真正结束一天的工作。

总之，如果你觉得自己总是时间不够，那么，很有可能是你浪费了大把的空余时间，是时候该反省自己的时间管理方法了！

我们该如何避免"不值得"观念的产生

人们普遍存在着一种心理：一个人如果觉得这是一件不值得的事情，他往往会持冷嘲热讽、敷衍了事的态度。换句话说，对于他们认为不值得去做的事情，那就不值得去做好。当然，由于这种心理，使得他们在从事自认为不值得的事情的时候，难以成功，即使成功了，他们也体会不到多大的成就感。每个人都有不同的价值观，而人们去做事情的标准则是：只有符合自己价值观的事情，他们才会满怀热情地去做。对于符合自己价值观的事情，他们能够做得很好。反之，与自己价值观不符合的事情，他们是很难做好的，因为缺乏足够的热情，这就是心理学上的"不值得定律"。在职场中，同样一份工作，在不同的环境下，它所给我们的感受是不同的。例如，在一家大公司，初入职场的你被安排做打杂跑腿的工作，很可能你认为这是不值得的，结果，你就连一些小事情都不能做好；反之，一旦你晋升了职位，你就会觉得这份工作是很难得的，自己一定要好好努力工作，因为它值得你去为之努力。

"我喜欢创作，但我却在做指挥。"这个矛盾一直折磨着世界著名的指挥家——伦纳德·伯恩斯坦。虽然，他无数次站在舞台接受掌声和鲜花，但是，他心里是不愉快的，总是感到一阵隐痛和遗憾。生活中，我们常说"选择你所爱的，爱你所选择的"，其实说的就是这个道理。当我们选择的是我们所感兴趣或认为有价值的事情，那么，我们就会激发出全身的力量去努力，心理也会相对坦然很多。对此，"不值得定律"给予我们这样的启示：不值得做的事情不要做，值得做的事情就要把它做好。当然，什么是值得的，什么又是不值得的，这取决于每个人的价值观。

小杜是计算机专业的硕士生，毕业后去了一家大型软件公司工作。工作没多久，他就凭着深厚的专业基础和出色的工作能力，为公司开发出了一套大型的财务管理软件，对此，他得到了公司同事的称赞和上司的肯定。

就在去年，小杜被提升为开发部经理，在下属看来，他不仅精通技术，而且还是一个值得下属信任和尊敬的上司，而他所领导的开发部屡创佳绩。公司老总认为小杜是一个不可多得的人才，就把他调到总经办，负责全公司的管理。接到任命通知书后，小杜显得并不高兴，他明白自己的特长是技术而不是管理，如果自己纯粹去做管理，会使自己的特长无法发挥，而且，专业技术也将会被荒废。更关键的是，自己并不喜欢做管理，在小杜看来，那是不值得去做的工作。

可是，碍于上司的权威和面子，小杜还是接受了这份对他来说不值得做的工作。果然，在接下来的一个月里，虽然，小杜做出了最大的努力，但结果还是令人失望。上司难以体会到他的苦衷，开始对他施加压力。如今，小杜不但感到工作压抑，毫无乐趣可言，而且，他越来越讨厌这份工作，甚至，想到了离开公司另谋出路。

大量研究表明，在职场中，至少有一半以上的人将精力花在与工作无关的事情之上，如果你一天花这么多时间在一件不值得去做的事情之上，那么，工作对于你而言，将会变成一件痛苦的事情。就像案例中的小杜一样，或许，因为这样，还会波及你的大好前程。在这里，警惕那些将精力花在不值得去做的事情上的人们，不要再耗费自己的生命了。

那么，在生活中，我们该如何避免"不值得"观念的产生呢？

1. 不断补充知识

《论语》曰："十有五而志于学，三十而立，四十而不惑，五十而知天命，六十而耳顺。"人生是一个不断学习、不断丰富的过程。随着年龄的增长，我们的知识以及能力也会有所提高。在知识的感知下，我们将越来越能正确分辨，哪些事情是值得去做的，哪些事情是不值得去做的。

2. 换个角度思考问题

俗话说："旁观者清，当局者迷。"有时候，我们自己置身其中，往往不能分辨出这件事到底值得不值得。这时候，我们应该换个角度思考问题，站在第三者的立场看问题，这样你就会多一些理解与包容，看问题也会更全面、更周到。这样，你会对一些之前认为不值得的事情有一些改观。

3. 善于听取别人的意见

哲人告诫我们："多听，多看，多想，凡事三思而后行。"对于每一件事，每个人都有自己看不到、想不到的地方。为了避免一些人生的错误，我们应该多听、多看、多想，多听听他人的意见，这样，我们才会将事情判断得更准确，避免过分值得或不值得的现象的出现。

或许，是到了你该离开的时候了，离开这个不能让你振奋、给你新知的地方。开始重新去寻找一些值得去做的事情，这样，才能体现出你应有的价值。

时间的碎片化，是对时间管理新的挑战

现代社会，已经进入信息碎片化时代，碎片化学习、碎片化阅读、碎片化生活日益成为热门话题。时间的碎片化改变了学习、工作和生活习惯，对时间管理提出了新的挑战。

莉莉总是抱怨自己太忙，白天工作，加班是常态，晚上回家还要带孩子，完全没有自己可利用的时间；小董工作后打算自学英语，但除了工作根本没有大段的时间来用于学习，时间总是这里挤一点、那里挤一点，完全没办法静下心学习；露西对未来感到很迷茫，生活的压力、提升自我的紧迫感、疲惫的身体、碎片化的时间、琐碎的事情，让她时常有一种不知所措的感觉。

碎片化时代的来临，导致时间出现碎片化，在繁忙的工作之余、疲惫的生活之余，有一些没有安排工作、没有被计划、零散的、规律性较差的时间，就是我们所说的碎片化时间。信息时代，注意力也可以成为新一轮经济热点。这源于互联网技术和电子终端的普及，我们每天总是被海量信息包围，应对手机、电脑、平板、无处不在的广告带来的信息冲击，不管是热点新闻、娱乐八卦、学习培训，还是网络社交，不断地牵扯着我们有限的注意力。上班、学习、社交、看新闻、刷朋友圈、娱乐休闲，不管是工作还是生活，即便在公交车上也刷5分钟的朋友圈，好像永远有做不完的事情。虽然每天忙碌不堪，但收获不多，沉淀不够。我们的注意力不断被转移和分配，我们对时间的感知也变了，时间被碎片化了。

目前，比较热门的话题是国内最大的在线实用技能平台——某课堂。因为研究过现代人的时间碎片化，所以探索出知识付费这条途径。目前，在课堂里拥有数万门课程，覆盖多门教学领域，旗下还分很多门类，有几十万个视频供人们学习，累计注册用户上千万。

这些学习视频主要是以效果导向为主要内容，针对现代人体验、移动学习、碎片化时间的特点来制作合适的视频，同时考量内容的结合，以降低用户进入学习的门槛，方便快捷，从而保障现代人的学习效果。

就在前不久，这个课堂还推出了新版本，在新版本中，课堂不仅引入了书籍、文章、3~15分钟短视频等知识内容，还将碎片化知识与系统性知识相结合，进一步降低了用户的学习门槛。

激活流失的碎片化时间，零存整取。试着去注意日常生活中的这些小碎片，把握住你的时间。时间碎片不能去创造也无法消除，时间块才是成事根本。不能因为时间碎片的"香"而忘记了解决温饱问题的是时间块，否则就会舍本求末了。集中利用好时间块，有意识地去消磨时间碎片，会让你的时间管理锦上添花。

碎片化时间有些是长期存在，如上下班的通勤时间，这是两个任务之间的缓冲环节，这是客观形成的。还有部分碎片化时间是人为造成的，如本来应该1个小时完成的工作，但一会儿接电话，一会儿回短信，一会儿上厕所，结果1个小时被人为地切割成小碎片，这不仅影响了工作效率，还会让自己感到焦躁不安。

当然，对个人而言，碎片化时间是有差异的，有人集中在白天，有人在晚上，有的甚至会出现周期性变化。但是，别小看这些碎片化时间，可塑性是极强的，特别是那些人为制造的碎片化时间，按照某种顺序或规律，完全可以组合成一段可以利用的时间。

1. 碎片化时间对自己的意义

尽管碎片化时间让我们变得焦虑不安，但还是需要适应并坦然接受。当然，利用碎片化时间的目的是使时间价值最大化，不过价值需求是因人而异的。有人利用碎片化时间来放松心情、调节状态，有人用来学习知识，有人用来社交。所以，要明白碎片化时间对自己的意义，才有机会对其进行挖掘。

2. 分析碎片化时间

根据自己的实际情况，分析其分布规律，是早上、下午或晚上，或周末节假日。梳理好碎片时间，安排自己在这些时间里做些什么，尽量避免被其他事情转移注意力。假如短期的碎片化时间缺乏规律，那就拉长时间具体分析，找到其中的规律。

3. 利用好碎片化时间

当然，我们需要避免人为制造碎片化时间，提高工作效率。

在自己注意力最集中、效率最高的时间段做最重要的事情。可以在碎片化时间里看新闻、看视频、听音乐、在线听课，这些内容时间段、灵活性强，分阶段学习对效果影响较小。

时间碎片化是一种现象，但并非不可控。很多时候，我们需要关注的是自己，而不是时间，管理好自己的注意力，才能更好地利用碎片化时间，按照个性需要，制订高效碎片时间利用策略，发挥碎片化时间最大的价值。

充分利用时间，不虚度一分一秒的时间

的确，现代社会，无论是个人，还是企业，"效率就是金钱"，绝对不是一句空话。可以说，追求成功，必须追求效率。同样，自古至今，要想成功，就必须惜时。实际上，任何人，只要你能充分利用好时间，不浪费每一分钟，那么，你必当会成才。有些人只是利用好了几年，有些人只重视年轻时代，而成功者在尽量利用好每一天，甚至能利用好每一分钟乃至每一秒钟。他们很少有浪费时间的行为，他们的成功实质上就是时间利用上的成功。

然而，一旦我们开始抱怨工作、抱怨生活，我们就会无意识地放慢手头的工作，因为抱怨会破坏我们原本积极的潜意识，一

味地抱怨只会让你失去正常的理智。也就是说，如果我们想高效地做事，想要解决问题，就要停止抱怨，用实力证明自己，用理智解决问题。要永远记住一点，我们的最终目标是解决问题，而不是发泄情绪。

其实，任何社会，都是强者更强，弱者更弱，弱肉强食。弱者很多时候不是去把自己磨炼成强者，而是不断地抱怨不公平。他们从来不清楚，这个世界上其实都没有绝对的公平。只有有能力的人才能在社会中处于竞争的优势。因此，既然我们没有办法选择社会环境，为什么我们不选择自己呢？我们可以选择自己。因此，与其去抱怨，不如努力提升自己，为自己在未来的竞争中处于优势而提前练好功力，这才是正道。功力都不想练，却想成为赢家，天下有这么好的美事吗？

小周是某大型企业的一名员工。高考失利后，他失去了继续读大学的机会，18岁的他就进了现在的这家企业。因为学历的原因，他只能从事最简单的产品装配的工作，但他不甘心，于是呢，利用上班之余，他拿起了书本，自学了很多与该产品有关的知识，并自考了一些其他课程。

转眼，小周已经工作5年了。这家企业每5年会举办一个大型的青年知识大奖赛，参加这次比赛的人多半是一些高学历的人，但小周还是报名了。他的参赛作品是关于公司生产部门的机器流程改造图。公司高层一见到这幅图，就惊呆了，一个生产流水线上的工人怎么可能制作出如此让人惊叹的图呢？于是，他们找来小周，就图纸进行了一番理论讨论，他的说明，让在座的领导都瞠目结舌。"我看你的简历，你只不过是个高中毕业生啊，怎么会……"

"是这样的……"

听完小周的叙述，众领导一致表示："单位的员工要都有你这样的学习精神，该有多好。"

很快，小周就收到通知，他被升为了技术主管，负责他所提出的这一项目的改造工程。

这则职场故事中，我们见证了一个普通员工的升迁过程。员工小周之所以会被领导赏识，在众人中脱颖而出，就在于他能利用空余的时间不断学习、不断完善自己的知识结构，充实了原本知识不足的自己。

历数古今中外一切有大建树者，无一不惜时如金。古书《淮南子》有云："圣人不贵尺之璧，而重寸之阴。"他们从不抱怨，更从不拖延。因为他们深知，抱怨只会分散自己的注意力，只会让自己的情绪更糟糕，只会更浪费时间，既然抱怨无益于解决问题，还不如抓紧时间，赶紧解决手头上的事。把注意力放到那些让自己产生负面情绪的事情上，只会浪费时间

的确，牢骚满腹的人也不可能善用时间。有句话讲得好，如果想抱怨，生活中的一切都会成为抱怨的对象；如果不抱怨，生

活中的一切都不会让人抱怨。总是以抱怨的心态工作，做起事来难免拖拖拉拉、草率敷衍，更别说展现出富有激情的、创造性的工作表现了。那么你呢？你一天要花多少时间在抱怨上呢？

总之，我们任何人，都应该把握好每一分每一秒的时间，那么，现在，就勇敢地迈出第一步吧。为此，你需要记住以下几点。

1. 要克服懒惰，选择行动

一个人之所以懒惰，并不是能力的不足和信心的缺失，而是在于平时养成了马虎大意、拖延的习惯，以及对事情敷衍塞责的态度。

要珍惜时间，首先就要改变态度，必须要改变态度，以诚实的态度，付出积极和扎实的努力，只有这样，才能真正将每一件事做好。

2. 强迫执行，勤奋起来

良好习惯形成的过程，是严格训练、反复强化的结果。我国著名教育家叶圣陶先生也认为，要养成某种好习惯，要随时随地加以注意，身体力行、躬行实践，才能"习惯成自然"，收到相当的效果。我们在改变拖延习惯的过程中，也一定要严格要求自己，绝不允许自己有怠惰的行为。

生活中的人们，可能现在的你每天为生活奔波，生活、工作压得你喘不过气来，你开始抱怨生活、抱怨上司。抱怨家人。而其实，有压力，才有动力，压力带给我们的不仅仅是痛苦和沉重，还能激发我们的潜能和内在的激情，让我们的潜能得以开发。如果说，人一生的发展是不易反应的药物，那么压力就是一剂高效的催化剂。它不是鼓励你成功，而是逼迫你成功，让你没有选择不成功的余地。它带给人的，不仅仅是痛苦，更多的则是一种对生命潜能的激发，从而催人更加奋进，最终创造出生命的奇迹。

第 10 章

克服自身惰性：勤奋起来，摆脱惰性

　　心理学家认为，人的拖延行为与惰性如影随形，我们都已经认识到，人们正是因为不断地拖延而导致了惰性，而惰性行为又加剧了拖延，一些人总是在拖延时间，然而，这只是一种自欺欺人的表现，无论如何，我们自身的工作与学习，还需要我们自己来完成，受益人也只会是我们自己，事实上，如果一个人能克服自身的惰性，他的人生就成功一半了。虽然惰性是人的天性，但我们要消除惰性，有时只需要一个念头即可，一旦赶走懒惰，便能主宰自己的人生，提高自己的人生质量。

行为拖延者总喜欢依赖他人

曾经有一个叫魏特利的人，他经历过这样一件事：

19岁那年，他的朋友特别多，一天，有个朋友和他约好，就在周日早上，他们一起去钓鱼，魏特利很高兴，因为他还不会钓鱼。

因此，头天晚上，他先收拾好所有装备，如网球鞋、鱼竿等，并且，因为太兴奋，他居然还穿着自己刚买的网球鞋就上床了。

第二天一大早，他就起床了，把自己的东西都准备好，并且，他还时不时地朝窗外看，看看他的朋友有没有开车来接他，但令人沮丧的是，他的朋友完全把这件事忘记了。

魏特利这时并没有爬回床生闷气或是懊恼不已，相反，他认识到这可能就是他一生中学会自立自主的关键时刻。

于是，他跑到离家最近的超市，花掉了他所有的积蓄，买了一艘他心仪已久的橡胶救生艇。中午的时候，他将自己的橡胶救生艇充上气，顶在头上，里面放着钓鱼用的工具，活像个原始狩猎人。

随后，他来到了河边，魏特利摇着桨，滑入水中，假装自己在启动一艘豪华大游轮。那天，他钓到了一些鱼，又享用了带去的三明治，还用军用壶喝了一些果汁。

后来，他回忆这天的情景，他说，那是他一生中最美妙的日子之一，是生命中的一大高潮。朋友的失约教育了他，凡事要自己去做。

魏特利的故事告诉我们，很多时候，事情并没有你想象的那么难，你只需要自己走出第一步。

其实，人生成功的过程就是个人克服自身性格缺陷的过程，如果你也有依赖性格，就必须从现在起，靠自己的努力克服。对于一些人来说，他们一旦失去了可以依赖的人，就会常常不知所措。如果你具有依赖心理而得不到及时纠正，发展下去有可能形成依赖型人格障碍。为此，你可以从以下几个方面纠正。

1. 要充分认识到依赖心理的危害

这就要求你纠正平时养成的习惯，提高自己的动手能力，不要什么事情都指望别人，遇到问题要做出属于自己的选择和判断，加强自主性和创造性。学会独立地思考问题，独立的人格要求独立的思维能力。

2. 要戒除习惯性地依赖

对于依赖型人格的而言，他们的依赖行为已成为一种习惯了，为此，你首先需要戒除这种不良习惯。你需要检查自己的日常行为中哪些是要依赖别人去做的，哪些是自主决定的，你需要坚持一个星期，然后将这些事件分为自主意识强、中等、较差三等。

3.要增强自控能力

对于自主意识差的事件，你可以通过提高自控能力来改善；对于自主意识中等的事件，你应寻找改进方法，并在以后的行动中逐步实施；对于自主意识强的事件，你应该吸取经验，并在日后的生活中逐步实施。

4.学会独立解决问题

依赖性是懒惰的附庸，而要克服依赖性，就得在多种场合提倡自己的事情自己做。因此，生活中，别再让他人为你安排了，对于工作中的事，也学会独立解决吧，如独立准备一段演讲词，人际交往中，也别总是站在别人身后了，主动伸出你的双手吧。

勤奋从利用好每天的早晨时间开始

我们每个人的每天都是从早晨开始的，古人云"一日之计在于晨"，就是要告诉我们早晨时间对于我们一天活动的重要性。那么，你的早晨是怎样的呢？是想到了黎明，早餐，还是董事会，乱哄哄，孩子的吵闹声，赶不上的公交车……每个人的答案，都与他们的工作和生活有着千丝万缕的联系。但如果联想到"乱"的人，绝对做不到每天早起，也不可能在做完所有事之后美美地享用早餐，他们会一边啃着街头餐厅里的面包，一边嚷嚷着

"哎呀，又要错过这趟公交车了，我怎么不早点起来呢"，相反，只有联想到"阳光""豆浆油条"的人，才有可能早起。因为这些都是只有早起的人才能体验到的事，可以说是"早起的象征"。

太多人把早晨的时间浪费在毫无秩序的忙乱中了，的确，一个人在早上的状态如何，对一整天的工作效率有很大的影响。没错，早上是最适合工作的时间段。但是有不少人即使闹钟响了，却还赖在床上，早晨对这些人而言实在是头痛的时间。

那么，我们该如何利用早晨的时间工作呢？

1. 把早起变成一种生活习惯

正如小泽征尔所说的，他每天4点钟就起床，很多效率专家也建议，4点钟我们就应该起床。事实上，越是忙碌的人，越应该巧妙地利用早上这段有限的时间。

以上班族为例，我们来计算一下，4点起床，上午就能工作8个小时。那么，下午的8个小时就是"白捡的"，可以继续工作，也可以学习，甚至可以放到你的兴趣爱好上。

如果你每天6点起床，那么，现在，只要你提前2个小时，不仅能提高工作效率，还能在信息、学习、晋升、财富和人脉上都大获成功。

可能也有些上班族说："我们也是从一大早就开始工作了。"但实际情况呢？公司不是9点钟才打卡吗？到公司的路程如果需要1个小时，那么，7点多你才会起床，有些赖床的人，还会睡到8点多。

还有一些人持反对意见，每天要加班，早上根本起不来，但其实，通宵加班并不是明智之举，然而，可能你没发现的是，那些高效率的管理者，他们都不会打疲劳战。

2.起床前花几分钟时间想好今天该做的事

早晨的时间，我们可以做个简单的时间段划分，一部分是从醒来到起床，一部分是从起床到出门为止。这样划分是为了在每一个时段内，安排不同的使用目的。

其实，当你的闹钟响了，你不必像听到"必须要起床"的哨子声一样，醒来后，你也不必要立刻起床，你可以躺在床上，将一天的工作先做好安排，或者思考一些疑难问题的处理方法。等到将所想的事情都整理妥善之后，再起床。

换句话说，一天内要做的事情在床上已经都做好了安排。

这个方法有以下的几个优点。

第一，清晨卧室里阳光洒进来，宁静安详，你可以安静地思考问题。

第二，人在休息了一整夜之后，思绪会得到优化，你很容易就想出好点子。工作上如果发生什么行不通的地方，利用早上这段时间，很容易找到解决的对策。

但是，如果你习惯性赖床，那么，当你还没想出对策前，又进入梦乡了，这种时候最好立刻起床。

3. 别忘记与你的家人沟通

从早晨睁开眼睛的那一刻到我们上班的这段时间，虽然不长，但却是最忙的，我们不仅要刷牙洗脸，还要吃早饭、换衣服。再加上，如果你不能早起，你更是步履匆匆。

懂得善用时间的人不应只将这个时段用来处理杂事，还应用来和家人沟通，如你可以和你的孩子一起刷牙或吃饭，听听孩子说话，这些就足以建立亲子之间的感情。

一起刷牙、换衣服，还可以谈谈天气，实在是节省时间的好方法。

4. 一定要吃早饭

一些上班族必须花很长的时间来坐车，出门前这段时间不够用时，往往只好牺牲早餐。其实，饿着肚子工作，效率更低下，所以无论如何，别亏待你的胃。

不得不说，早晨真的很重要。那么，为什么大家都不充分利用早晨的时间呢？每天有24小时。无论是能干的人，还是不能干的人，一天24小时的事实都不会改变。而如何使用这24小时，决定了你的工作效率。从现在起，不妨养成早起和充分利用早晨时间的习惯，相信你会从中获益不少！

多做些事，你可能会有额外的收获

生活中，你是不是经常遇到这样的情况：上班时间，突然来了一个同事的快递，同事不在，你签还是不签？公司来了贵客，负责冲咖啡的同事出去了，你会为他代劳吗？朋友最近经济状况出了点问题，他并没有找你借钱，你帮还是不帮？看到会议室的材料掉在地上，你是捡还是不捡？诸如此类的工作之外的事随时都有可能发生，你是做还是不做？

可能很多人会这样回答：当然不做，既然是额外的事，何必多此一举？的确，在我们工作的周围，一些懒惰的人不仅表现出对自己的工作拖拉马虎，他们更是十分"聪明"，害怕多做任何一点额外的工作。但事实告诉我们，那些被老板提拔的人都有个共同的特点：对工作始终充满着春天般的热情，只要有闲暇时间，不会对别人说"不"，那些人缘好、处处受人欢迎的人，总是对他人仗义相助；那些成功人士，都因为机缘巧合而有贵人相助。其实，无论是职场还是整个人际关系中，多做些事，都不吃亏，因为你可能会因此而得到额外的收获。

我们先来看下面这个财富故事：

曾经有一个年轻人，他在一家小旅馆当服务员，一直勤勤恳恳地工作。

这天晚上，一对老夫妇来开房间，但旅馆房间已经没有了，这下老夫妇犯难了，因为他们真的没有地方去了。怎么办呢？

年轻人很爽快地说，让老夫妇睡自己的房间，正好自己要值班，然后，他将自己房间的床单和被褥都换了，他自己则趴在柜台上睡了一夜。

第二天，老夫妇看到这种情景很感动，认为这个年轻人很善良。年轻人绝对没有想到这对老夫妇就是希尔顿饭店的老板，而且没有子女，于是他做了希尔顿饭店的接班人。

这个年轻人能从一名旅馆服务员跻身于上流社会，继而成为希尔顿饭店的接班人，与这对老夫妇的带领和引荐不无关系，当然，这是机缘巧合。但却告诉我们一个道理：在职场工作，我们若想得到"分外"的回报，就不要总是置身事外，就要多做一些"分外"事。

不得不说，在我们的工作环境中，不少人都认为做额外的事会吃亏，也没有多做事的意识，殊不知，作为一名员工，只要是与企业利益相关的，无论是分内还是分外的事，都应该尽力做好。

事实上，聪明的职场人，从不介意多做事，因为他们深知为他人、为企业多做一些事，有时候只是举手之劳，并且，还能为自己赢得更多的支持。当然，某些情况下，我们简单的一句慰问和关心的话语都能有此效用。

陈灵在一家外企工作，负责采购工作。有一次，公司采购部的车出了问题，而刚好总经理专用车司机刘师傅的轿车停在附近，出于方便，刘师傅载她一程，于是她第一次坐上刘师傅开的轿车。当时正值上下班高峰时间，路上交通拥堵，而陈灵还赶时间，刘师傅也着急得不得了。这时，陈灵开口安慰刘师傅道："刘师傅，这么多年，你每天都要在这样的交通状况下负责总经理的出行，真是很辛苦啊。"想不到这句衷心的关心之语，使刘师傅非常高兴。因为他已经做总经理司机10年了，10年来，连总经理都没跟他说过一句"辛苦了"。刘师傅感动得不得了。后来，刘师傅还对当时的情景念念不忘，在私下里经常主动帮陈灵的忙，再后来陈灵升到采购部经理的时候，他还时常地夸奖陈灵，说总经理体恤下属、慧眼识英才等。

故事中的陈灵，之所以会与刘师傅结下良好的关系，就在于其简单的一句关心的话："辛苦了。"生活中，我们每个人都在为自己的工作忙碌着、辛苦着，我们都希望自己能得到他人的理解、肯定和关心，如果有人能对我们说出"辛苦了"三个字，我们一般都会心生感激。

当然，我们在职场多做事并不是为了达到获得他人支持的目的，这是一种负责任的工作态度，只有你有这一意识，并化为行动，才能拥有很高的工作效率、积极的工作热情和拼搏的进取心，同样，你也会因此而获得更好的职场前景。

因此，即使你是企业一名的最基层员工，当你接收到一项并不属于你职责范围内或者你并不喜欢的工作时，你无须抱怨，更不要心理失衡，你应该欣然接受并努力完成，在做事的过程中，你能积累到他人没有的经验，能获取知识，你最终会成为企业岗位上重要的人才，你也会实现你的价值。所以说，我们多做一些事并不吃亏，吃亏是福，因为企业最需要的也是这样不怕吃亏的员工。

多与勤奋者结交，成为勤奋的人

有人说，人就像一个磁场，无论什么样的人都会像磁场一样影响别人，就像积极阳光的人会让你豁然开朗，开心豁达的人让你心情舒畅，积极的人给予你积极的影响，消极的人给你消极的影响。有句谚语叫作：跟着好人学好人，跟着师娘跳假神。

西方有句名言："与优秀者为伍。""积极的人像太阳，照到哪里哪里亮；消极的人像月亮，初一十五不一样。"和什么样的人在一起，就会有什么样的人生。和勤奋的人在一起，你不会懒惰；和积极的人在一起，你不会消沉。

因此，如果你对自己的自控力不自信、认为自己可能被那些懒惰的同事影响的话，那么，你最好远离他们，否则，你很有可能被他们传染而成为一名真正的拖延者。

科学家研究认为："人是唯一能接受暗示的动物。"积极的暗示，会对人的情绪和生理状态产生良好的影响。激发人的内在潜能，发挥人的超常水平，使人进取，催人奋进。

身处职场，你是否有这样的感受：每次当你准备努力工作时，你的某个同事总是走过来找你聊；每当你准备赶完工作再下班时，他总是怂恿你明天再做；他们总是在你眼前晃来晃去，你根本无心工作，对于这样的同事，你怎么办？向上司打小报告吗？

这样也无济于事，其实最好的方法就是远离他们，不让他们影响到你。就算他们有别的长处，但毫无疑问，至少懒惰和拖延这一毛病就足以影响到你，甚至成为你人生经历中的毒药。事实上，工作中懒惰、做事拖拉的人，几乎不会在职场有好的前景。

为此，你最好做到以下几点。

1. 不要因为他们而影响心态

那些懒惰的同事可能让你很生气，但绝不要花时间抱怨，因为正和其他同事讨厌懒惰的人一样，人们也讨厌牢骚满腹的人。

2. 集中注意力，别被他们打扰

也许坐在你旁边格子间的同事总是在打游戏或者手机聊天，甚至上网看电视等，但无论他做什么，请不要留意他们，集中注意力工作吧。

3. 不要向上司打他们的小报告

可能你在和某个同事一起进行某项工作，但他确实是个懒惰的人，迟迟不动手，你的工作需要他的配合，此时怎么办？向老板打小报告吗？告诉老板他是个懒惰的员工？当然不能，你会因此成为老板眼中的小人，会成为同事眼中的马屁精，不妨这样向老板开口吧："暂时这个项目我没法取得进展了，因为我在等约翰完成他的那个部分。"很平淡的一句话，让老板了解了实情，也不会有打小报告之嫌。

4. 不要事事替他们代劳

千万别以为什么事都能揽下。这些懒惰的同事，他们总是在办公室寻找能替他们工作的人，如果你做老好人，那么，最终你会不堪重负。

生活中最不幸的是：由于你身边缺乏积极进取的人、缺少远见卓识的人，使你的人生变得平平庸庸，黯然失色。因此，职场中，如果你想提升自己的价值，如果你想高效率地工作，那么，就远离那些懒惰的人吧。他们会在不知不觉中偷走你的梦想，使你渐渐颓废，变得平庸。当然，你还可以向那些勤奋努力的人靠近，因为你可以从强者身上学习如何变得更强。哪怕这样会让你自惭形秽，但是你得到更多的，则是来自他们的宝贵经验，来自榜样的无穷激励。

懒惰是生命中最大的敌人

拒绝懒惰，努力才有可能成功。在生活中，很多人对未来有一个美好的愿望，但就是拒绝付出努力。那些懒惰的人实际上就是否定自己，把自己的生命一点点变得虚无。懒惰作为一种习惯，浪费掉的是拯救自己的机会，这是比任何东西都宝贵的生命。懒惰是理想的绊脚石，每个人的生命和时间是有限的，有多少是因为懒惰而浪费的呢？

在现实生活中，有许多人贪图安逸而不愿意吃苦受累，结果，时间长了，就变得懒惰了。懒惰是生活中最大的敌人，许多悲剧的后果都是因懒惰而造成的。命运的好坏完全取决于自己，假如我们选择了勤劳，那我们通过最大的努力一定可以得到幸福，即便只有一点点是自己创造出来的，那也是一种幸福；假如你选择了懒惰，那你将终身和不幸、厄运、灾难成为伙伴，永远会是一个失败者。

美国底特律有位妇人，名叫珍妮，她原本是一位极为懒惰的妇人。后来，她的丈夫意外去世，家庭的全部重担都落在她一个人身上。她不仅要付房租，还要抚养两个子女。在这样贫困的环境下，她被迫去为别人做家务。她白天把子女送去上学后，便利用下午的时间替别人料理家务。晚上，子女做功课，她还要做一些杂务。就这样，她懒惰的习惯渐渐被克服了。

后来，她发现许多现代妇女外出工作，无暇整理家务，于是她灵机一动，花了7美元买来清洁用品和印刷传单，为需要服务的家庭整理琐碎家务。这项工作需要她付出很大的精力与辛劳，她把料理家务的工作变成专一技能，后来甚至连大名鼎鼎的麦当劳快餐店也找她代劳。

现在她已经是美国90家家庭服务公司的老板，分公司遍布美国很多个州，雇用的工人多达8万人。

珍妮的成功事例告诉我们，人们的贫穷大多是由于懒惰、贪图安逸、不愿意奋斗而造成的。假如一个人不愿意奋斗，自甘过着贫穷的生活，那他就永远无法摆脱困境，连上帝也没办法拯救他。

有这样一句话："世界上能登上金字塔顶的生物只有两种，一种是鹰，一种是蜗牛。不管是天资奇佳的鹰，还是资质平庸的蜗牛，能登上塔尖，极目四望，俯视万里，都离不开两个字——努力。"若是缺少了勤奋的精神，即便是天资奇佳的雄鹰也只能空振双翅，而若是有了勤奋的精神，即便是行动十分不便的蜗牛也可以俯瞰世界。靠着自己的双手去生活，远比依赖别人要踏实得多。

认真做事，并不是轻而易举的事情，它需要我们开动脑筋，投入时间和精力才能达到。同样是做一件事情，仅仅把它做完是一种态度，而在做完之后还进行细致的检查才是一种认真的态度。而且，在做事的过程中一直坚持着这种绝对认真的精神，这样的精神是最容易打动人的。

克服懒惰可以采用以下几种方法。

1. 良好的作息习惯

养成良好的作息习惯，早睡早起，作息规律。这一点自不必说，赖床是懒惰之本。最经典的办法——上闹钟。时下有很多创意闹钟，绝对有办法让你起床。

2. 多运动

多运动，锻炼身体。懒人胖子多，对于胖人来说，懒与不运动绝对是"对等"关系。另外，经常的身体锻炼除了可以拥有健康的体魄，更能使人保持旺盛的精力，从而对懒惰说"不"。

3. 时间计划

懒人都有拖拉的习惯，往往抱着"明日复明日，明日何其多"的想法，这是很不好的，应该制订详细的计划，将时间规定好，把事件细分化。例如规定一个小时内或半个小时内完成某项任务，或者把一件复杂的事情分开几步完成，既提高了效率，又很好地解决了懒惰的心理。

4. 积极暗示

懒惰的人中有一些是因为性格内向、不自信等心理状况引起的懒惰。从不爱不敢与人接触交流慢慢发展成习惯性地懒得参加一些公众活动。可以在房间挂上名言警句，给予自己积极的心理暗示。

5. 需要监督

懒惰的人全都是缺乏自律的，包括一些经验方法计划，没有持续的执行能力还是无法改掉懒惰的毛病，可以让自己的家人、同学、朋友、同事等帮助监督自己。

6. 换个环境

有条件的话尝试换个生活环境或打破原有的生活规律。刚上学的孩子为什么懒得上作文补习班却对上游泳班很积极？外出旅行时为什么能做到早起？主要还是由于周围的环境发生了改变。

在这个世界上，有太多懒惰的人，他们不思进取，总想着天上掉馅饼的事情发生在自己身上，最终却被自己的懒惰贻害一生。俗话说："早起的鸟儿有虫吃。"只要勤奋，我们就一定会拼搏出属于自己的一片天空。

从来不说时间不够，是勤勉的态度

日本女作家吉本芭娜娜出版了40本小说和近30本随笔集，《鲤》杂志曾采访过她："许多女人生了小孩之后就没有闲暇时间了，您现在有了孩子，是如何抽出时间来写作呢？"吉本芭娜娜说："确实没什么时间，但是我一直在拼命。为了争取多一点的写作时间，每天我都在与时间赛跑，最夸张的时候，你能想象吗？我几乎是站着吃饭。"估计许多年轻人看到这里会感到羞愧吧，比起吉本芭娜娜，许多人总是感慨自己时间不够、事情做不完，却从来不去利用那些零碎的时间。

犹太人洛克菲勒就是一位对工作异常勤奋的人。一天24个小时中，他的工作时间一般都在十五六个小时，超过了一天的大半时间。而有的时候，他甚至可以一天工作十八九个小时。有人给他计算过，他一生中平均每周工作76个小时，只休息很短的时间。经常是别人已经下班了，他还在勤奋地工作。他常常对别人说："如果你什么都不想干，那一天工作8个小时就可以了，可是如果你想干点什么，那么当别人下班的时候，正是你工作的时候。"

别人问他："你怎么能一天工作20个小时？"他却说："一天工作20个小时怎么可以，我需要一天工作48个小时。"当人们看到他的时候，他总是在不停地忙于工作。于是凡是认识他的人都说洛克菲勒只有睡觉和吃饭的时候不谈工作，其余时间他都是泡在工作里。这位为世界级的大富翁就是这样紧张而勤奋地工作着的，所以他才取得了举世瞩目的成就。

从来不说时间不够，保持勤勉的态度，是洛克菲勒成功的秘诀。洛克菲勒之所以能够获得成功，就在于他始终如一地保持勤勉的态度，从来不以忙和没时间作为借口。他的勤勉已经成为了顽强的奋斗，在他的眼里，一天24小时都已经不够用了，他希望能在一天内工作更长的时间。犹太人认为，只有勤勉的人才能够尝到胜利的果实，只有勤勉的人才能够得到命运的眷顾。所以，洛克菲勒用自己的实际行动证明了这样一个道理，如果你是一个做事勤勉的人，那么成功就已经离你不远了。

人们关于自己的未来总会有很多规划，但当他们未能完成时总向别人推诿："我最近很忙，根本没有时间。"迟迟不见有行动，但是如果你想有所获得，有所成就，做哪一件事不会耗费时间呢？我们经常看到卓越的人才，举手投足优雅，且写得一手好字，当你在羡慕对方的时候，是否有想起对方为了培养仪态、练字而一个人度过了多少沉默时光呢？

1. 没时间，是因为你浪费了时间

忙和没时间是最烂的借口，因为每个人的时间都是公平的，之所以会抱怨没时间，不过是因为你在其他事情上浪费了时间。

2. 勤奋是质变的过程

财经作家吴晓波说："每一件与众不同的绝世好东西，其实都是以无比寂寞的勤奋为前提的，要么是血，要么是汗，要么是大把大把的曼妙青春好时光。"如果我们倾力付出自己的努力，那早晚会从量变到质变，你现在走的每一个脚印，都会成为将来实现人生飞跃的跳板。

　　人们总会订下许多计划，看书、运动、旅行等，不过常常因没有时间而不得不放弃。难道你的生活真的有那么忙吗？真相到底如何心知肚明，别总拿忙和没时间当借口，那不过是在为自己的懒惰找理由而已。你若坚持努力，一定会发光，因为时间是所向披靡的武器，聚沙成塔，将人生一切的不可能都变成可能。

参考文献

[1] 高佑. 拖延心理学:重拾行动力·克服拖延症[M]. 北京：中国华侨出版社，2013.

[2]克瑙斯. 终结拖延症[M]. 陶婧，译. 北京：机械工业出版社，2015.

[3]李立. 拖延心理学[M]. 北京：中国戏剧出版社，2011.

[4]辰格. 戒了吧！拖延症[M]. 天津：天津人民出版社，2016.

[5]牧彤. 拖延症的自我疗法[M]. 北京：人民邮电出版社，2014.